中国三峡新能源(集团)股份有限公司
China Three Gorges Renewables (Group) Co., Ltd.

U0169286

海上风电工程安全文明施工
标准化图册

中国三峡新能源（集团）股份有限公司　编

中国电力出版社
CHINA ELECTRIC POWER PRESS

内 容 提 要

为全面提升中国三峡新能源（集团）股份有限公司海上风电工程建设项目的安全文明施工管理水平，依据有关工程建设安全管理文件精神，特编制《海上风电工程安全文明施工标准化图册》。本图册分上、下篇，上篇为安全文明施工通用部分图册，内容包括通用安全设施用品、标志标识的规范要求；下篇为海上风电工程安全文明施工图册，内容包括海上施工、海上运输与应急、海上作业的规范要求，应用效果示例等。

本图册可供公司投资或建设管理的海上风电工程项目设计、施工、运行技术人员和管理人员阅读，也可供相关工程的技术、监理、管理人员阅读。

图书在版编目（CIP）数据

海上风电工程安全文明施工标准化图册 / 中国三峡新能源（集团）股份有限公司编. —北京：中国电力出版社，2022.1（2022.6重印）

ISBN 978-7-5198-6510-8

Ⅰ. ①海… Ⅱ. ①中… Ⅲ. ①海风–风力发电–电力工程–工程施工–标准化管理–中国–图集 Ⅳ. ①TM62-64

中国版本图书馆 CIP 数据核字（2022）第 022646 号

出版发行：中国电力出版社　　　　　　　　　　　印　　刷：北京九天鸿程印刷有限责任公司
地　　址：北京市东城区北京站西街 19 号（邮政编码：100005）　版　　次：2022 年 1 月第一版
网　　址：http://www.cepp.sgcc.com.cn　　　　　印　　次：2022 年 6 月北京第二次印刷
责任编辑：薛　红　　　　　　　　　　　　　　　开　　本：787 毫米×1092 毫米　横 16 开本
责任校对：黄　蓓　常燕昆　　　　　　　　　　　印　　张：12
装帧设计：郝晓燕　　　　　　　　　　　　　　　字　　数：227 千字
责任印制：石　雷　　　　　　　　　　　　　　　定　　价：68.00 元

版 权 专 有　侵 权 必 究

本书如有印装质量问题，我社营销中心负责退换

编　委　会

主　任　王武斌　赵国庆

副主任　吕鹏远　吴仲平

委　员　张军仁　卢海林　吴启仁　李化林　刘　姿　陆义超　王爱国　杨本均

　　　　蔡义清　李丽萍

编　写　组

主　编　马中伟

副主编　李丽萍

参　编　王志勇　徐志军　李　萍　赖梅芳　曾　嵘　计宏益　冉　佳　王　瑞

　　　　辛　峰　闫晶晶　程晓旭　曾庆文　高铭远　郭康康　张振森　许广威

　　　　蔡　东　杨　泽　刘安宁

序 言

PREFACE

　　随着碳达峰、碳中和目标的提出，我国新能源发展面临重要的历史性机遇，构建以新能源为主体的新型电力系统成为迫切要求，海上风电步入快速发展期。中国三峡新能源（集团）股份有限公司（以下简称"三峡能源"）实施"海上风电引领者"战略，有序推进海上风电开发。三峡能源认真落实国家有关安全生产方针政策，大力推进安全文明施工标准化，提高作业环境安全水平，营造良好的安全施工氛围，保障施工作业人员安全与健康。

　　海上风电工程建设由于其自身的特性，具有难度大、危险系数高、施工类型多样、影响因素较多等特点，容易发生各类安全事故。而安全文明施工则可规范海上风电场工程施工安全工作，防止和减少施工过程的人身伤害和财产损失，使得工程得以高标准严要求的完成，安全文明施工标准化的管理水平是企业综合管理水平的一个重要方面，也是企业综合竞争力的重要体现。

为了适应海上风电快速发展的需要，统筹做好海上风电工程安全文明施工标准化管理，三峡能源根据海上风电的特点和实际需要，在海上风电安全文明施工方面开展了大量的研究工作，积累了宝贵的实践经验，为三峡能源的安全建设与稳定运行起到了重要的保障作用。

　　目前，国内外的海上风电工程安全文明施工标准化专著还不多，本书结合多年来三峡能源海上风电工程安全文明施工研究和实践，对海上风电工程安全文明施工标准化进行了总结和探索，反映了海上风电工程安全文明施工标准化的最新发展。相信本书为提高我国海上风电安全文明施工，切实增强安全意识，遵守安全操作规范，落实安全作业措施，防范施工过程中的安全隐患等将起到积极的作用。

中国三峡新能源（集团）股份有限公司

党委书记、董事长

总经理、党委副书记

2021 年 12 月

前言

FOREWORD

　　为规范海上风电工程现场安全文明施工管理，全面推行现场布置标准化、安全设施标准化、个人安全防护用品标准化。依据国家工程建设与环境保护的法律法规、行业有关安全文明施工标准，结合海上风电工程建设具体情况，编制《海上风电工程安全文明施工标准化图册》（简称本图册）。

　　本图册分上、下篇，上篇为安全文明施工通用部分图册，主要阐述管理总体要求、安全标识主色调、安全设施、安全防护用品、用电安全、安全标志标识等安全文明施工标准化要求和图例；下篇为海上风电工程安全文明施工图册，主要阐述陆上集控中心施工、海上风电施工、海上交通运输与应急逃生、高风险作业、环保等安全文明施工标准化要求和图例。

　　本图册通过实景图片、标识图牌及简要文字说明等通俗易懂的方式呈现了海上风电工程各现场模块区的安全文明标准化布置范例，可为现场人员提供实际可行、标准规范的安全文明施工管理模板。本图册适用于海上风电工程管理，可供公司投资或建设管理的海上风电工程项目设计、施工、运行技术人员和管理人员阅读，也可供相关工程的技术、监理、管理人员阅读，陆上风电工程可参照使用。

由于编者水平有限，加之编写时间仓促，尚且有很多需要补充和改进的地方，恳请专家和广大读者提出宝贵意见，帮助我们修改完善。

在编撰本书的过程中得到了中国三峡新能源（集团）有限公司领导的大力支持以及江苏分公司、珠江公司、福能投、内蒙古分公司、山东分公司等相关部门、单位的积极配合，在此向所有关心、支持、参与编辑的领导、专家、学者、编辑出版人员表示衷心的感谢！

《海上风电工程安全文明施工标准化图册》编写组

2021 年 12 月

目录 Contents

序言

前言

上篇　安全文明施工通用部分图册

下篇　海上风电工程安全文明施工图册

上篇　安全文明施工通用部分图册

第一章

总 体 要 求

1.1 管理要求

三峡能源海上风电工程严格按照"管理标准、行为规范、设施统一、场地整洁、物料规整、绿色环保"的管理要求，全面推进安全文明施工标准化。

管理标准：制定安全文明施工管理制度（标准）并严格执行，做到有章可循，有章必循。

行为规范：通过教育培训、实践锻炼、监督纠偏，培育高素质的产业工人，规范开展施工作业，杜绝违章行为，做到"三不伤害"。

设施统一：安全设施设计制作、使用维护统一规范，做到材质、外观一致，功能完备。

场地整洁：作业场地按功能分区、模块化管理；做好日常整理整顿，确保作业空间和环境的安全整洁。

物料规整：设备、物料分类放置，标识清晰。

绿色环保：践行绿色施工理念，加强"三废"管理和噪声管控，提升施工与环境的和谐度。

1.2 布设原则

海上风电工程安全文明施工布置要综合考虑工程及环境特点，做到既能满足施工技术要求，又能改进作业环境安全水平，达到营造安全氛围、提升作业人员安全意识的目的。

布设原则如下：

（1）模块分区原则：按功能对区域进行合理划分，以硬质围栏等进行隔离。

（2）和谐统一原则：安全文明施工设施、标牌、标识等要做到功能效果和视觉形象的协调统一，材质规格统一并与环境协调，参建单位企业元素和整体效果的协调统一。

（3）动态调整原则：设施布置要根据施工进展动态调整，满足安全施工要求。

（4）功能完备原则：按照"谁设置、谁负责"的原则，对安全文明施工设施进行日常维护，确保外观整洁、功能完备。

1.3 安全标识主色调

1.3.1 标准色

深蓝色是（增加ＣＭＹＫ标准值）三峡能源的企业主识调，

海上风电工程项目与三峡能源相关的标牌标识应遵循中国长江三峡集团有限公司《视觉识别系统手册（2020 版）》的要求。参建单位可采用中国长江三峡集团有限公司的主色调。

标牌标识底色：深蓝色。

字体主色：白色、蓝色、红色、黑色。

安全设施及警示标志色：黄色、红色、白色、黑色。

临时建筑物主色：固定物用蓝色、白色，移动物用蓝色。

机具设备主色：小型工机具、临时用电设施用铅灰、银白、橙色；大型设备用本色刷新。

本图册常用标准色见图 1－3－1。

图1-3-1 常用标准色

1.3.2　三峡品牌标志及释义

三峡品牌标志及释义

中国三峡集团的品牌标志整体呈圆形，标志内圆自上而下由长江三峡、三峡大坝及水纹构成，是三峡工程全景的意象化呈现。长江三峡由远及近依次为瞿塘峡、巫峡、西陵峡，按黄金比例透视排列的峡谷颇具纵深感，象征中国三峡集团从三峡走向世界、从现在走向未来的美好前景。层叠错落的山峰犹如振翅翱翔的翅膀，是中国三峡集团"两翼齐飞"发展思路的具象化表达，寓意中国三峡集团高质量发展稳步前进！

三峡大坝由泄洪坝段、厂房坝段以及双线五级船闸、垂直升船机等通航设施构成，是中国三峡集团建设运营的三峡工程、向家坝、溪洛渡、白鹤滩、乌东德等国之重器的缩影。大坝居于标志中心，象征三峡工程等国之重器是中国三峡集团的立身之本、发展之基、效益之源，为"两翼齐飞"提供坚强有力支撑！

水纹代表三峡工程等水电工程的生态效益，也代表中国三峡集团长江生态环保业务布局，寓意中国三峡集团积极参与共抓长江大保护事业，为保护长江母亲河作出应有贡献。

中国三峡集团的品牌标志主体造型好似象征胜利和成功的英文字母"V"，寓意中国三峡集团从胜利走向新的胜利。品牌标志底色为蓝色，象征中国三峡集团是以水电为主业的清洁能源集团；结构色为白色，寓意中国三峡集团有着光明的发展前景。品牌标志既有鲜明的"三""峡"特色，又有丰富的绿色发展内涵，彰显中国三峡集团"奉献清洁能源，共建美丽家园"的美好愿景。

三峡品牌标志见图1-3-2。

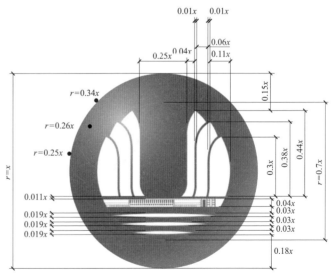

图1-3-2　三峡品牌标志

1.3.3　品牌色及品牌标志标准色值

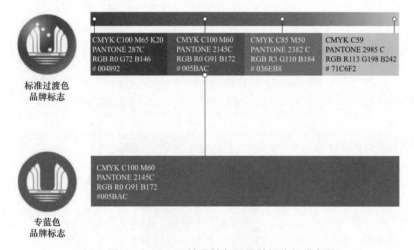

图 1-3-3　三峡品牌色及品牌标志标准色值

品牌色及品牌标志标准色值

　　品牌颜色是视觉识别系统的重要元素，蓝色是中国三峡集团的品牌色。中国三峡集团品牌标志的标准色值为:C100　M65　K20、C100　M60、C85M50、C59，其中C100M60 为专蓝色值。

　　中国三峡集团品牌标志有两种色彩表现形式:

　　（1）标准过渡色标志:由四种标准色值过渡组合构成。

　　（2）专蓝色品牌标志:由专蓝色单一构成。

　　在多媒体等数字类应用中须使用过渡色品牌标志，其他应用则根据手册规定或视应用载体、工艺情况选择使用。

　　三峡品牌色及品牌标志标准色值见图 1-3-3。

1.3.4 三峡标识与中文简称组合

纵向组合

品牌标志+中文简称版
（主要在尺寸较小、工艺精度不够时使用）

中轴组合

品牌标志+中文简称版
（主要在尺寸较小、工艺精度不够时使用）

横向组合

图 1-3-4 标识与中文简称组合

三峡标识与中文简称组合

（1）三峡标识与中文简称之间可进行横式、竖式、叠式组合,视具体情况进行选用。竖式组合时不附注英文。

（2）标识与中文简称组合见图 1-3-4。

1.3.5 风电厂设备品牌标识规范

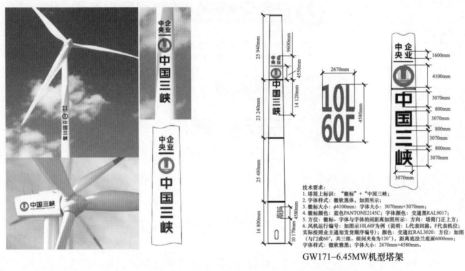

技术要求：
1. 塔筒上标识："徽标" + "中国三峡"；
2. 字体样式：微软黑体，如图所示；
3. 徽标大小：φ4100mm；字体大小：3070mm×3070mm；
4. 徽标颜色：蓝色PANTONE2145C；字体颜色：交通黑RAL9017；
5. 方位：徽标、字体与字体的间距如图所示；方向：塔筒门正上方；
6. 风机运行编号：如图示10L60F为例（说明：L代表回路，F代表机位；实际按照业主通知发货顺序编排）；颜色：交通红RAL3020；方位：如图（与门成60°，共三组。组间夹角为120°）；距离底法兰底面6000mm；字体样式：微软雅黑；字体大小：2670mm×4580mm；

GW171-6.45MW机型塔架

图1-3-5　风机设备品牌标识示意图

风电厂设备品牌标识规范

（1）"中央企业·中国三峡"是上级单位规定的中央企业风电项目品牌展示的规范样式，应严格遵照执行。

（2）风电厂设备标识应根据设备特性、大小等实际情况，参照手册给出的应用规范进行涂装。

（3）品牌标识组合应严格按照手册基础部分所规定的标准组合的位置、距离、大小等标准涂装，不得随意更改。（注：中央企业四个字字体:阿里巴巴普惠体 Bold。）

（4）图例：风机设备品牌标识示意图见图 1-3-5。

第二章

安 全 设 施 类

2.1 安全围栏

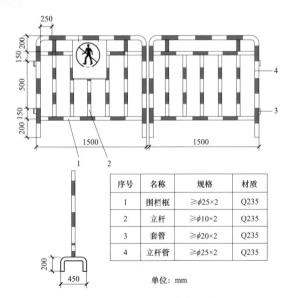

序号	名称	规格	材质
1	围栏框	≥φ25×2	Q235
2	立杆	≥φ10×2	Q235
3	套管	≥φ20×2	Q235
4	立杆管	≥φ25×2	Q235

单位：mm

图 2-1-1　安全围栏

安 全 围 栏

（1）用途：适用于相对固定的安全通道、设备保护、危险场所等区域的划分和警戒。

（2）分类：有防护栏杆（含挡脚板）、活动式安全护栏、拉线式安全围栏等。

（3）结构：采用围栏组件与立杆组件组装方式。围栏应立于水平面上。钢（铁）管红白油漆涂刷、间隔均匀，安全色标红色或白色间距300mm。

（4）使用要求：

1）应与安全警示、提示标志配合使用。

2）带电设备的安全围栏应可靠接地。

（5）图例：安全围栏见图2-1-1。

2.1.1 防护栏杆（含挡脚板）

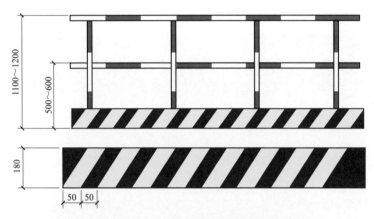

图 2-1-2 临边作业防护栏杆、挡脚板

图 2-1-3 高处作业防护栏杆示意图

防护栏杆（含挡脚板）

（1）用途：用于施工区域的划定、临空作业的护栏，以及直径大于 1m 无盖板孔洞的围护。

（2）结构：

1）立杆跨度：2～2.5m，高度 1～1.5m。

2）作为高处临空面的防护栏杆时，横杆高度不得小于 1.2m，杆件强度及间距应满足安全要求，并设置挡脚板。

3）材质宜选用外径为 48mm，壁厚不小于 2mm 的普通钢管，防护栏杆应能经受 1000N 水平集中力，扣件应可靠连接。

4）挡脚板采用钢板或木板等加工制作，宽 180mm，长度可根据现场实际情况确定，颜色为黄黑相间色标警示，间距为 50mm。

（3）使用要求：

1）应与安全警示、提示标志配合使用。

2）用于临空作业面时，应设置挡脚板。

（4）图例：临边作业防护栏杆、挡脚板见图 2-1-2，高处作业防护栏杆示意图见图 2-1-3。

2.1.2　活动式安全护栏

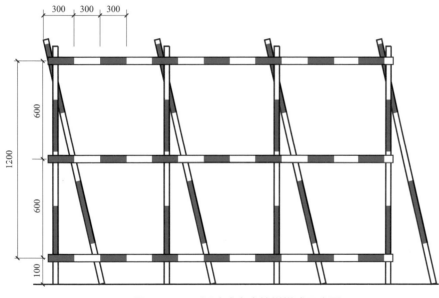

图 2-1-4　活动式安全护栏样式示意图

活动式安全护栏

（1）用途：适用于设备保护、危险场所等区域的临时性隔离防护和警戒。

（2）结构：材质宜采用国家标准钢管搭设，尺寸为上下两道，上道高 1200mm，下道高 600mm，刷红白相间油漆，油漆宽度 300mm。

（3）使用要求：

1）应与安全警示、提示标志配合使用。

2）禁止作为高处临边防护的使用。

（4）图例：活动式安全护栏样式示意图见图 2-1-4。

2.1.3　拉线式安全围栏

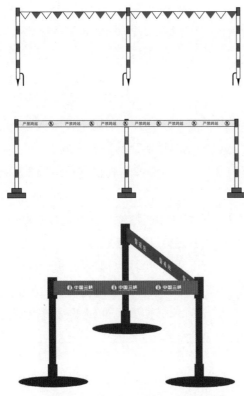

图 2-1-5　拉线式安全围栏示意图

拉线式安全围栏

（1）用途：适用于施工区域的划分与提示（如升压站内施工作业区、吊装作业区、电缆沟道及设备临时堆放区，以及线路施工作业区等的围护）。

（2）结构：由立杆（高度 1.05～1.2m）和警示绳（带）组成。

（3）使用要求：

1）应与安全警示、提示标志配合使用。

2）禁止作为高处临边防护的使用。

3）固定方式应保证稳定可靠。

（4）图例：拉线式安全围栏示意图见图 2-1-5。

2.2　安全隔离网

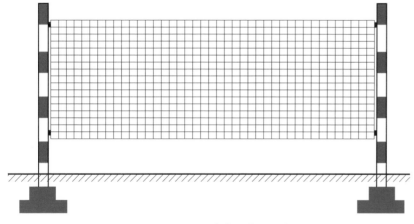

图 2-2-1　安全隔离网示意图

安 全 隔 离 网

（1）用途：适用于施工区域与带电设备区域的隔离。

（2）结构：宜由立杆和隔离网组成，其中立杆跨度为 2.0～2.5m，高度为 1.0～1.5m，立杆应满足强度要求，隔离网应采用绝缘材料。

（3）使用要求：

1）应与安全警示、提示标志配合使用。

2）带电区域电气设备与隔离围栏之间应留有足够的安全距离。

3）固定方式应稳定可靠。

（4）图例：安全隔离网示意图见图 2-2-1。

2.3 孔洞盖板

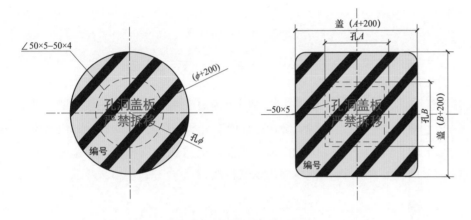

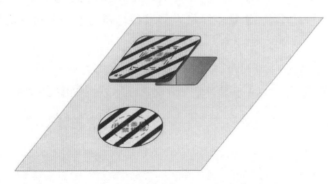

图 2-3-1 孔洞盖板

孔 洞 盖 板

（1）用途：适用于人与物有坠落危险的孔、洞。

（2）结构：

1）盖板宜采用厚度 4～5mm 的花纹钢板制作。

2）盖板外边缘应至少大于洞口边缘 100mm，且应加设止档。

3）应刷黄黑相间的色标警示，间距为 50mm。

（3）使用要求：

1）短边小于 500mm（含）且短边尺寸大于 25mm 和直径小于 1000mm（含）的各类孔、洞，应使用坚实的盖板盖严。

2）位于车辆行驶道旁的洞口、深沟与管道坑、槽，所加盖板应能承受不小于卡车后轮有效承载力 2 倍的荷载。

3）高处作业区周围的临边、孔洞、沟道等应设孔洞盖板、安全网或防护栏杆。

（4）图例：孔洞盖板见图 2-3-1。

2.4 安全通道

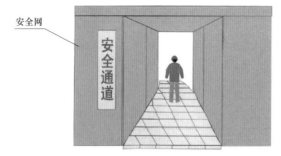

安全网

图 2-4-1　安全通道示意图

安 全 通 道

（1）用途：危险、带电区域应设置安全通道，确保人员安全通行。

（2）结构：

1）按照现场具体情况，采用不同形式架设。

2）宜采用扣件、钢管密目安全网和木板搭设，钢管刷黄黑相间的色标警示 ，间距为 300mm。

3）通道架空设置时，在 600mm 和 1200mm 处设置两道防护栏杆。

（3）使用要求：

1）应与安全警示、提示标志配合使用。

2）通道口可设置灭火器、安全对联。

（4）图例：安全通道示意图见图 2-4-1。

2.5 固定式爬梯

固 定 式 爬 梯

（1）用途：用作为人员进出屋顶、人孔井、水池、电缆井等的上下通道。

（2）结构：永久性安装在建筑物或设备上，与水平面成 75°～90° 倾角，主要构件为钢材制造的直梯。包括梯梁、踏棍、护笼、支撑、护手（栏杆）等。

（3）使用要求：

1）固定式钢直梯的梯段高度大于 3m 宜设置安全护笼，不能设置安全护笼时，应装设防坠设施。

2）严禁将钢筋爬梯作为接地线使用。

3）爬梯底部设置安全标志。

（4）图例：固定式爬梯示意图见图 2-5-1。

(a) 爬梯下方需设置的安全标志（一）

(b) 爬梯下方需设置的安全标志（二）

图 2-5-1　固定式爬梯示意图

2.6　下线爬梯

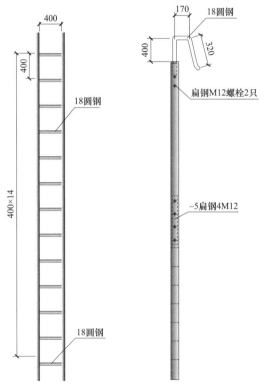

图2-6-1　下线爬梯

下 线 爬 梯

（1）用途：用于临时上下的通道；适用于垂直角在 45°～75° 之间的临时上下通道，随时可挪移。

（2）结构：

1）梯梁应采用不小于 50mm 角钢或 ϕ50mm 钢管；

2）踏棍宜采用不小于 20mm 的螺纹钢，间距宜为 300mm，等距离分布；

3）根据现场需要或坡度大于 45° 时，可在梯子两侧均加扶手。

（3）使用要求：

1）作业人员必须佩戴安全帽、安全带，必要时并使用安全自锁器作为第二道保护。

2）爬梯搁置稳固，梯脚应有可靠的防滑措施，顶端应与构筑物靠牢。

（4）图例：下线爬梯见图 2-6-1。

2.7 安全平网

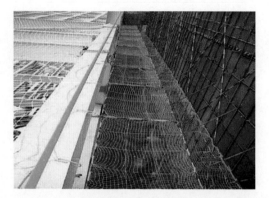

图 2-7-1 脚手架与建筑物结构之间的安全平网示意图

图 2-7-2 孔洞安全平网示意图

安 全 平 网

（1）用途：为防止人或物高空坠落而设置的保护网。

（2）结构：一般由网体、边绳、系绳等构件组成。

（3）使用要求：

1）应符合 GB 5725—2009《安全网》规定。

2）脚手架、孔洞、通道、交叉作业等应使用安全平网预防高空坠落。

3）脚手架与建筑物结构之间的较大间隙应铺安全平网防护。

4）直径大于 1m 或短边大于 500mm 的各类洞口，四周应设防护栏杆，装设挡脚板，洞口下装设安全平网。

5）孔、洞的长边大于 500mm 时和墙角处，不得铺设盖板，必须设置牢固的防护栏杆、挡脚板和安全网。

（4）图例：脚手架与建筑物结构之间的安全平网示意图见图 2-7-1，孔洞安全平网示意图见图 2-7-2。

2.8 密目式安全网

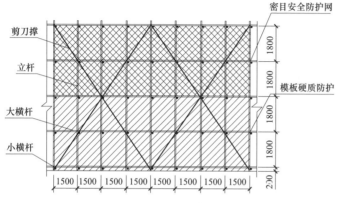

图 2-8-1 密目式安全网密度

图 2-8-2 密目式安全网示意图

密 目 式 安 全 网

（1）用途：大面积脚手架、排架、人行通道上方脚手架或建筑物外立面施工脚手架、安全通道外侧应设置密目式安全网，提供安全防护。

（2）结构：

1）应符合 GB 5725—2009《安全网》规定。

2）可选用高密度聚乙烯单丝，要求强度高、阻燃、耐化学腐蚀性好，多选用绿色。

3）网目密度一般不低于 800 目/100cm²。

（3）使用要求：

1）宜设置在脚手架外立杆的内侧。栏杆部位挂设"当心坠落、禁止烟火"警示牌。

2）破损的密目式安全网应及时更换。

（4）图例：密目式安全网密度见图 2-8-1，密目式安全网示意图见图 2-8-2。

2.9 挑网

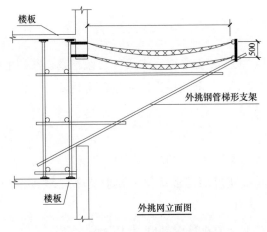

图 2-9-1 挑网结构图

图 2-9-2 挑网示意图

挑　　网

（1）用途：为防止建筑物外立面高空坠物，在建筑物外立面须设置挑网。

（2）结构：

1）可采用锦纶、维纶、涤纶或其他材料制成，应符合 GB 5725—2009《安全网》规定。

2）挑网内侧用脚手管与结构固定，挑网外侧绑扎在脚手管上，下面用脚手管顶撑挑网外边缘，内低外高，坡度 15°。

（3）图例：挑网结构图见图 2-9-1，挑网示意图见图 2-9-2。

2.10　脚手架

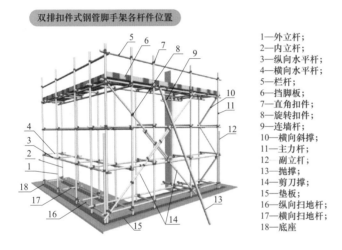

双排扣件式钢管脚手架各杆件位置

1—外立杆；
2—内立杆；
3—纵向水平杆；
4—横向水平杆；
5—栏杆；
6—挡脚板；
7—直角扣件；
8—旋转扣件；
9—连墙件；
10—横向斜撑；
11—主力杆；
12—副立杆；
13—抛撑；
14—剪刀撑；
15—垫板；
16—纵向扫地杆；
17—横向扫地杆；
18—底座

脚手架搭设标牌	
建设单位：	责任人：
搭设时间：	监护人：
	××公司

（300 × 600）

脚手架验收合格牌	
建设单位：	责任人：
验收单位：	验收人：
承载重量：	验收时间：
	××公司

（300 × 600）

图 2-10-1　脚手架结构图、标志牌示意图

脚　手　架

（1）用途：用于保障高处施工作业顺利进行而搭设的工作平台。

（2）结构：应符合 GB 51210—2016《建筑施工脚手架安全技术统一标准》和 JGJ 130—2011《建筑施工扣件式钢管脚手架安全技术规范》等安全技术规范标准。

（3）使用要求：

1）不得在脚手架基础及其邻近进行挖掘作业。

2）当有六级及以上强风、雾霾、雨或雪天气时应停止脚手架、承重平台搭拆作业。

3）脚手架应设立"搭设标识牌"和"验收标识牌"（应经监理验收）两种，脚手架搭设标牌宜为黄色，验收合格牌宜为绿色。

（4）图例：脚手架结构图、标志牌示意图见图 2-10-1。

2.11 消防设施及器材架

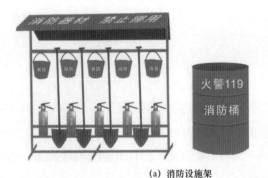

(a) 消防设施架

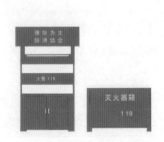

(b) 消防器材箱

(c) 灭火器布置实例

图2-11-1　消防器材示意图

消防设施及器材架

（1）用途：消防器材架(箱)用于摆放消防设施。其材质为钢质，颜色为红底白字。

（2）使用要求：

1）消防设施应结合现场实际，按照国家消防规定配置。

2）灭火器应设置稳固，铭牌朝外。

3）消防设施及器材的标识按照《三峡能源发电场站安全目视化管理手册（2018年版）》执行。

（3）图例：消防器材示意图见图2-11-1。

第三章

安全防护用品类

3.1 安全帽

图 3-1-1 安全帽示意图

安 全 帽

（1）用途：对人头部受坠落物及其他因素引起的伤害起保护作用。

（2）使用要求：

1）应符合 GB 2811—2019《头部防护 安全帽》要求。

2）安全帽正面为企业简称品牌标识，背面为编码。

3）安全帽可由各单位自行编号；同一工地不同单位员工所用安全帽应有明显的区别标识。

4）安全帽分色管理。来访人员为白色、运营员为蓝色、行政管理人员为红色、工程建设、维护人员为黄色。

5）人员进入施工现场必须正确佩戴安全帽。

6）破损或做过试验的安全帽应作废，不得使用。

（3）说明：

材质:高强度 ABS；

规格:视具体情况而定；

工艺:标识及编号丝网印刷；

色彩:按规定色彩体系应用。

（4）图例：安全帽示意图见图 3-1-1。

3.2 安全带

图 3-2-1 全方位防冲击安全带示意图

安 全 带

（1）用途：防止高处作业人员发生坠落或发生坠落后将作业人员安全悬挂的个体防护装备。

（2）说明：

1）应符合 GB 6095—2021《坠落防护 安全带》要求。

2）可根据高处作业类型选择适合的安全带。

（3）使用要求：

1）使用前进行外观检查；使用中要避开尖锐物体损害安全带。

2）在没有可靠防护栏杆且高度超过 2m 及以上从事高处作业的人员必须使用全方位防冲击安全带。

3）安全带要高挂低用，高度不低于腰部。

4）严禁用安全带传递重物。

（4）图例：全方位防冲击安全带示意图见图 3-2-1。

3.3　防护眼镜和面罩

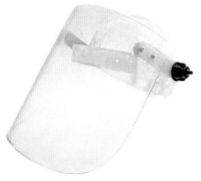

图 3-3-1　防护眼镜、面罩示意图

防 护 眼 镜 和 面 罩

（1）用途：用于保护作业人员的眼镜、面部，防止外来伤害。

（2）说明：

1）应符合 GB 32166.1—2016《个体防护装备　眼面部防护　职业眼面部防护具　第 1 部分：要求》要求。

2）根据用途，选用规定形式的防护眼镜和面罩。

（3）使用要求：

1）眼镜的宽窄和大小要适合使用者的脸型，镜架不易滑落。

2）眼镜要专人专用，防止传染眼病。

3）镜片、滤光片、保护片等若有粗糙、损坏要及时更换。

（4）图例：防护眼镜、面罩示意图见图 3-3-1。

3.4 电焊面罩

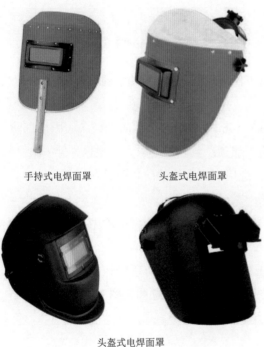

手持式电焊面罩   头盔式电焊面罩

头盔式电焊面罩

图 3-4-1 电焊面罩示意图

电 焊 面 罩

（1）用途：防止在焊接过程中产生的强光、紫外线和金属飞屑损伤作业人员的面部、眼睛等。

（2）说明：

1）应符合 GB/T 3609.1—2008《职业眼面部防护 焊接防护 第 1 部分：焊接防护具》要求。

2）根据作业环境，选用规定的防护眼镜和面罩。

（3）使用要求：

1）宜穿浅色或白色帆布工作服，袖口应扎紧，扣好领口，皮肤不外露。

2）高处焊接作业时应使用头盔式面罩。

3）必要时，设防护遮板防止火花飞溅。

（4）图例：电焊面罩示意图见图 3-4-1。

3.5　工作服和工牌

图 3-5-1　工作服与工牌示意图

工 作 服 和 工 牌

（1）用途：进入作业区域人员应穿符合安全要求的工作服，着装力求整齐统一、佩戴工牌。

（2）说明：

1）根据现场存在的危害因素，选择符合安全防护要求的工作服。

2）工位牌内芯：纸张材质：200g 铜版纸，纸张规格：100mm×60mm 色彩：按规定色彩体系应用。

（3）工作服与工牌示意图见图 3-5-1。

3.6 防护手套

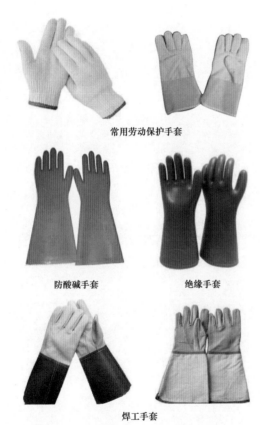

常用劳动保护手套

防酸碱手套　　　　　　绝缘手套

焊工手套

图 3-6-1　各类防护手套

防 护 手 套

（1）用途：保护工作人员手部不受到外在物质的伤害。

（2）使用要求：

1）应符合 GB/T 12624—2020《手部防护　通用测试方法》要求。

2）防护手套应根据作业条件、防护功能选用，切忌错误使用，以免发生伤害。

3）焊接作业应根据焊接方法选用电焊专用手套。

4）电气作业存在有触电危险的，必须佩戴绝缘手套。

5）靠近机械转动部位或具有夹挤危险的，严禁戴手套作业，以防被机械缠住或夹住的危险。

6）防水、耐酸碱手套使用前要吹气检查，合格方可用。

（3）图例：各类防护手套见图 3-6-1。

3.7　工作鞋

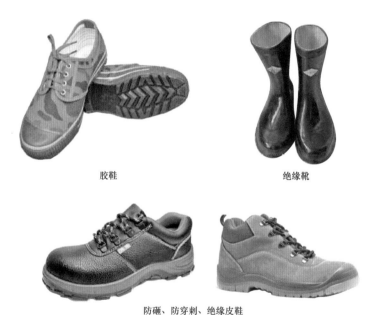

胶鞋　　　　　　　　　绝缘靴

防砸、防穿刺、绝缘皮鞋

图 3-7-1　各类工作鞋

工　作　鞋

（1）用途：应根据作业场所或存在危险类别选择适合的工作鞋。

（2）使用要求：

1）产品符合 GB 21148—2020《足部防护　安全鞋》要求。

2）防刺穿工作鞋：用于足底保护，防止被各种尖硬物件刺伤。

3）防砸工作鞋：用于可能有重物坠落的场所。

4）耐酸碱皮靴、胶鞋：用于可能接触酸碱的工作场所。

5）绝缘靴和低压绝缘皮鞋：用于有可能触及低压电气设备的工作场所。

（3）图例：各类工作鞋见图 3-7-1。

3.8 救生衣

图 3-8-1　各类救生衣

救　生　衣

（1）说明：应符合 GB/T 32227—2015《船用工作救生衣》要求。

（2）使用要求。进入下列场所，应正确穿戴好救生衣：

1）在无护栏或 1m 以下低舷墙的船甲板上。

2）在各类施工船舶的舷外或临时高架上。

3）在乘坐交通工作船和上下船时。

4）在未成型的码头、栈桥、墩台、平台或构筑物上。

5）在已成型的码头、栈桥、墩台、平台或构筑物边缘 2m 范围内。

6）在其他水上构筑物或临水区作业的危险区域。

（3）图例：各类救生衣见图 3-8-1。

3.9　防坠器

图 3-9-1　各类防坠器

防　坠　器

（1）用途：用于人员高处作业时防止意外坠落。

（2）使用要求：

1）应符合 GB 24544—2009《坠落防护　速差自控器》、GB 24543—2009《坠落防护　安全绳》、GB/T 23469—2009《坠落防护　连接器》要求。

2）速差自控器应高挂低用，悬挂点应选取使用者上方的坚固固定结构，应避免角度过大，以防止摆动碰撞。

3）为防止高处坠落，竖直攀登作业时必须使用攀登自锁器。参照国际标准 EN353-1 2008 CH《防坠器》执行。

（3）图例：各类防坠器见图 3-9-1。

3.10 耳塞

图 3-10-1　各类耳塞

耳　塞

（1）用途：海上风机基础施工的打桩锤击时，打桩体产生噪声超过 80 分贝，将对施工作业人员产生职业伤害，需佩戴耳罩达到劳动保护作用。

（2）使用要求：

1）应符合 GB 39800.1—2020《个体防护装备配备规范　第 1 部分：总则》要求。

2）工作现场应悬挂耳塞的安全提示标志。

（3）图例：各类耳塞见图 3-10-1。

第四章

用 电 安 全 类

4.1 通用安全要求

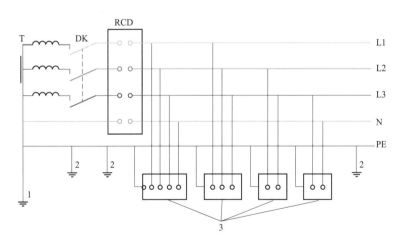

图 4-1-1　专用变压器三相五线供电时
TN-S 接零保护系统示意图

施工现场临时用电安全

（1）建筑施工现场临时用电工程采用电源中性点直接接地的 220/380V 三相四线制低压电力系统。

（2）应符合 JGJ 46—2005《施工现场临时用电安全技术规范》要求。

（3）采用三级配电系统。

（4）采用 TN-S 接零保护系统。

（5）采用二级漏电保护系统。

（6）达到"一机一闸一漏一箱"的要求。

（7）图例：专用变压器三相五线供电时 TN-S 接零保护系统示意图见图 4-1-1。其中 T—变压器；DK—总电源隔离开关；RCD—总漏电保护器（兼有短路、过载、漏电保护功能的漏电断路器）；L1、L2、L3—相线；N—工作零线；PE—保护零线；1—工作接地；2—PE 线重复接地；3—电气设备金属外壳（正常不带电的外露可导电部分）。

4.2 外电线路

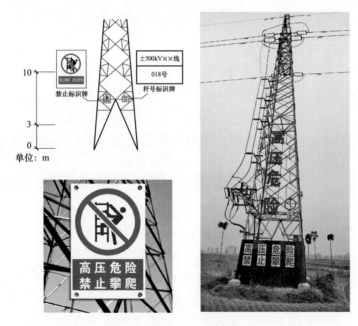

图 4-2-1 配电架空线路示意图、安全标志牌

外 电 线 路

（1）选择的路径应合理，避开易撞、易碰、易腐蚀场所和热力管道。

（2）在建工程不得在外电架空线路正下方施工、搭设作业棚、建造生活设施或堆放构件、架具、材料及其他杂物等。

（3）在建工程(含脚手架)的周边与外电架空线路的边线之间的最小安全操作距离应符合有关规范要求。

（4）外电线路杆塔应悬挂"禁止攀登、高压危险"标志牌。

（5）图例：配电架空线路示意图、安全标志牌见图 4-2-1。

4.3　组合式变压器

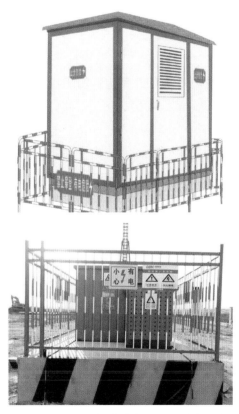

图4-3-1　组合式变压器/配电室示意图

组 合 式 变 压 器

（1）用途：适用于施工现场临时用电。

（2）结构：组合式变压器示意图见图4-3-1。

（3）使用要求：

1）地基要作硬化处理。

2）四周应设置围栏，悬挂安全标志牌，金属围栏应可靠接地，涂刷安全色标。

3）组合式变压器的安装使用必须符合相关规程规范的要求。

4.4　低压配电箱/开关箱

（a）壁挂式

（b）落地式

图 4-4-1　配电箱示意图

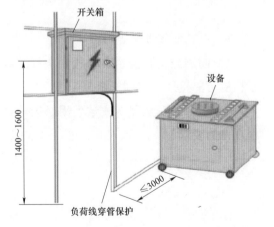

图 4-4-2　开关箱与用电设备设置例图

低压配电箱/开关箱

（1）用途：适用于施工现场临时动力控制电源。

（2）结构：配电柜/开关箱见图 4-4-1。

1）应装设端正、牢固、加锁，箱体须可靠接地。

2）外形结构应具备防火、防雨、防尘、密封的功能。电箱门上应有编号和责任人标牌，电箱门侧应有线路图。

3）箱体颜色为三峡主题蓝色（绿色、橙色、铅灰色也可选），但同一个工程项目应统一。

（3）使用要求：

1）应符合 JGJ 46—2005《施工现场临时用电安全技术规范》要求。

2）实行三级配电，设配电柜或总配电箱、分配电箱、开关。

3）总配电箱以下可设若干分配电箱，分配电箱以下可设若干开关箱，做到"一机一闸一保一箱"。开关箱与用电设备设置例图见图 4-4-2。

4.5　低压配电箱/开关箱内部布线

图 4-5-1　开关箱布线图示意图

低压配电箱/开关箱内部布线

（1）结构：开关箱布线图示意图见图 4-5-1。

（2）使用要求：

1）符合 JGJ 46—2005《施工现场临时用电安全技术规范》要求。

2）箱内相线 A、B、C 的颜色依次为黄色、绿色、红色，工作接地 N 为淡蓝色，保护接地 PE 为绿/黄双色线，在任何情况下，上述颜色标记严禁混用和互相代用。

3）配电柜/箱、开关箱内的电器必须可靠、完好，严禁使用不合格的电器。

4.6 便携式卷线电源盘

便携式卷线电源盘

（1）用途：适用于施工现场小型工具及临时照明电源。

（2）结构：由支架、侧圆板、卷筒、电缆、单相双极漏电开关、插座等部分组成的转动式活动盘。

（3）使用要求：

1）电气试验按 GB 50150—2016《电气装置安装工程 电气设备交接试验标准》执行。

2）使用与维修应符合 GB 50194—2014《建筑工程施工现场供用电安全规范》的规定。

3）便携式卷线电源盘限 2kW 以下单相负荷使用。

4）便携式卷线电源盘采用插接或端子接电源时，均应将电缆端头固定。

（4）图例：便携式卷线盘见图 4-6-1。

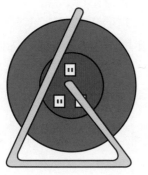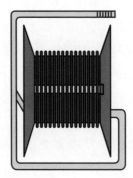

图 4-6-1　便携式卷线盘

4.7 固定式照明灯塔

图 4-7-1 固定式照明灯塔示例

固定式照明灯塔

（1）用途：适用于施工现场集中广式照明，灯具一般采用防雨式镝灯，严禁使用碘钨灯。

（2）结构：具体结构尺寸根据现场实际确定。固定式照明灯塔示例见图 4-7-1。

（3）使用要求：

1）底部采用焊接或高强度螺栓连接，确保稳固可靠，确保电缆绝缘良好（宜采用金属外铠装电缆或穿金属保护管并直埋敷设），同时做好防雷接地。

2）放置位置适当，不影响施工和通行。

3）灯架应妥善保管，专人维护、维修。

4）如出现电缆导线破损变形，或有漏电现象严禁使用。

4.8 移动式照明灯具

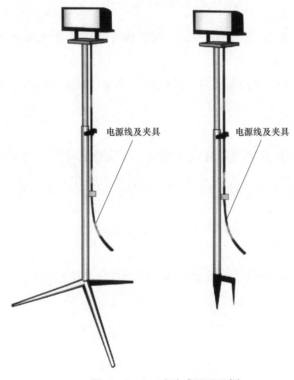

电源线及夹具

电源线及夹具

图 4-8-1 移动式照明示例

移动式照明灯具

（1）用途：用于局部场地施工建设照明。

（2）使用要求：

1）灯塔架放置平稳，支架固定牢固。

2）灯架应妥善保管，并由专人维护、维修。

3）灯具应防雨绝缘功能。

4）如出现电缆导线破损变形或有漏电现象严禁使用。

（3）图例：移动式照明示例见图 4-8-1。

4.9 施工接地线

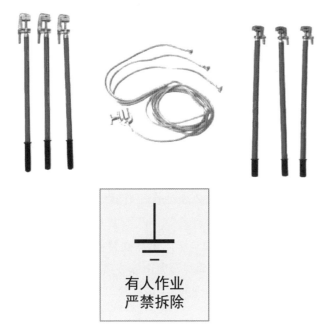

图4-9-1 接地线、接地线标志示意图

施 工 接 地 线

（1）用途：用于线路和变电施工，为防止临近带电体产生感应电或误合闸时保证安全之用。

（2）使用要求：

1）施工接地线截面应按用途选择。

2）使用接地线工作时，工作人员应穿工作服、绝缘鞋，戴绝缘手套。在感应电压较高的场所，应穿防静电服。

3）接地处必须悬挂接地警示牌，制作参照本书安全警告标志。

（3）接地线、接地线标志示意图见图4-9-1。

4.10 接地保护装置

4.10.1 工作接地/保护接地

图 4-10-1 保护接地零线示意图

图 4-10-2 工作接地零线示意图

工作接地/保护接地

（1）用途：在电力系统中，因工作需要的接地称为工作接地，因防备漏电损害保护所需要的接地称为保护接地。

（2）技术要求：

1）应符合 JGJ 46—2005《施工现场临时用电安全技术规范》要求。

2）配电箱的电器安装板上必须分设工作接地 N 线端子板和保护接地 PE 线端子板。

3）工作接地 N 线端子板必须与金属电器安装板绝缘。

4）保护接地 PE 线端子板必须与金属电器安装板做电气连接。

5）工作接地 N 线必须通过 N 线端子板连接；保护接地 PE 线必须通过 PE 线端子板连接。

（3）保护接地零线示意图见图 4-10-1，工作接地零线示意图见图 4-10-2。

4.10.2　相线、N 线、PE 线的颜色标记

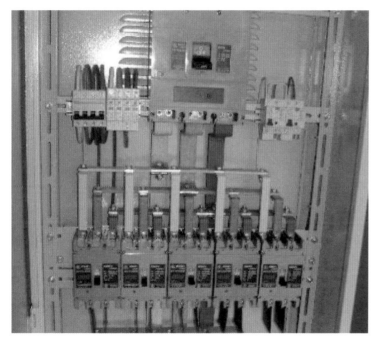

图 4-10-3　相线、N 线、PE 线的颜色标记示意图

相线、N 线、PE 线的颜色标记

配电箱和开关箱的内部电气接线必须符合以下规定：

（1）应符合 JGJ 46—2005《施工现场临时用电安全技术规范》要求。

（2）相线 L1（A）、L2（B）、L3（C）相序的绝缘颜色依次为黄、绿、红色。

（3）N 线的绝缘颜色为淡蓝色；PE 线的绝缘颜色为绿/黄双色。

（4）任何情况下上述颜色标记严禁混用和互相代用。

（5）相线、N 线、PE 线的颜色标记示意图见图 4-10-3。

4.10.3　电气设备外壳接地

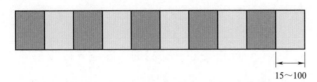

图 4-10-4　电气设备外壳接地安全色标

注：A 为 160mm 或 240mm。

图 4-10-5　用电设备外壳接地及安全标志示意图

电气设备外壳接地

（1）用途：用电设备、配电柜外壳、电气设备的金属构架、靠近带电部分的金属遮栏、电缆金属外皮、穿线钢管等必须采取接地措施，且接地装置必须牢固可靠。

（2）结构：

1）接地装置必须涂刷荧光油漆安全色标，绿色和黄色相间条纹，尺寸：条纹宽度 15～100mm。电气设备外壳接地安全色标见图 4-10-4。

2）接地标志为等边三角形，标志牌示意图和尺寸见图 4-10-5。

（3）配电柜外壳接地及安全标志示意图见图 4-10-5。

第五章

安全标志、标识

5.1 安全标志通用要求

禁止倚靠
No leaning

当心落水
Warning falling into water

必须穿救生衣
Must wear life jacket

可动火区
Flare up region

图 5-1-1 各类安全标志示意图

安全标志通用要求

（1）用途：安全标志分为警告、禁止、指令和提示四大类型。由安全色（红、黄、蓝、绿）、几何图形和图形符号所构成。

（2）使用要求：

1）应设在与安全有关场所的入口处和醒目处。

2）不应设在门、窗、架等可移动的物体上，标志牌前不得放置妨碍认读的障碍物。

3）多个安全标志在一起设置时，应按警告、禁止、指令、提示类型的顺序，先左后右、先上后下地排列。

4）国标规定的安全标志中，禁止标志 40 个、警告标志 39 个、指令标志 16 个、提示标志 8 个；安全标志牌规定的尺寸有 500mm×400mm 和 400mm×300mm 两种。

5）应符合 GB/T 2893.5—2020《图形符号 安全色和安全标志 第 5 部分：安全标志使用原则与要求》的要求。

（3）图例：各类安全标志示意图见图 5-1-1。

5.1.1 禁止标志

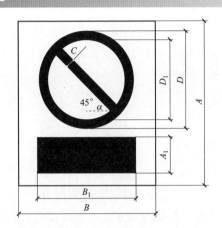

禁止标志牌的制图参数（α= 45°） 　　　单位：mm

型号 \ 参数	A	B	A₁	B₁	D	D₁	C
1	500	400	115	305	305	244	24
2	400	320	92	244	244	195	19
3	300	240	69	183	183	146	14
4	200	160	46	122	122	98	10
5	80	65	18	50	50	40	4

注：局部信息标志牌设 5 型、4 型或 3 型；车间内设 2 型或 1 型；车间入口处、厂区内和工地内宜设组合标志牌，型号根据现场情况选择 5 型或 4 型；尺寸允许有 3%的误差。

标志牌色彩图例

标准色

红色 (RED) C0 M100 Y100 K0

黑色 (BLACK) C0 M0 Y0 K100

禁 止 标 志

（1）用途：提醒人们不安全行为的图形标志。

（2）结构：

1）长方形衬底，上方是禁止标志(带斜杠的圆边框)，下方是文字辅助标志(矩形)，图形上、中、下间隙，左、右间隙相等。

2）长方形衬底色为白色，带斜杠的圆边框为红色，禁止标志符号为黑色，辅助标志为红底白色黑体字，字号根据标志牌尺寸、字数调整。

（3）使用要求：安装应符合 GB/T 2893.5—2020《图形符号　安全色和安全标志　第 5 部分：安全标志使用原则与要求》的要求。

（4）制图参数见图 5-1-2。

图 5-1-2　禁止标志牌

5.1.2 禁止标志图例

	禁止吸烟 No smoking	有甲、乙、丙类火灾危险物质的场所和禁止吸烟的公共场所等,如:木工车间、油漆车间、沥青车间、纺织厂、印染厂等	禁止倚靠 No leaning	不能依靠的地点或部位,如列车车门、车站屏蔽门、电梯轿门等
	禁止烟火 No burning	有甲、乙类,丙类火灾危险物质的场所,如面粉厂、煤粉厂、焦化厂、施工工地等	禁止坐卧 No sitting	高温、腐蚀性、塌陷、坠落、翻转、易损等易于造成人员伤害的设备设施表面
	禁止带火种 No kindling	有甲类火灾危险物质及其他禁止带火种的各种危险场所,如炼油厂、乙炔站、液化石油气站、煤矿井内、林区、草原等	禁止蹬踏 No steeping on surface	高温、腐蚀性、塌陷、坠落、翻转、易损等易于造成人员伤害的设备设施表面
	禁止用水灭火 No extinguishing with water	生产、储运、使用中有不准用水灭火的物质的场所,如变压器室、乙炔站、化工药品库、各种油库等	禁止触摸 No touching	禁止触摸的设备或物体附近,如:裸露的带电体、炽热物体,具有毒性、腐蚀性物体等处

	禁止放置易燃物 No laying inflammable thing	具有明火设备或高温的作业场所，如：动火区，各种焊接、切割、锻造、浇注车间等场所		禁止伸入 No reaching in	易于夹住身体部位的装置或场所，如有开口的传动机、破碎机等
	禁止堆放 No stocking	消防器材存放处，消防通道及车间主通道等		禁止饮用 No drinking	禁止饮用水的开关处，如：循环水、工业用水、污染水等
	禁止启动 No starting	暂停使用的设备附近，如：设备检修、更换零件等		禁止抛物 No tossing	抛物易伤人的地点，如：高处作业现场，深沟（坑）等
	禁止合闸 No switching on	设备或线路检修时，相应开关附近		禁止戴手套 No putting on gloves	戴手套易造成手部伤害的作业地点，如：旋转的机械加工设备附近

	禁止转动 No turning	检修或专人定时操作的设备附近		禁止穿化纤服装 No putting on chemical fibre clothing	有静电火花会导致灾害或有炽热物质的作业场所，如：冶炼、焊接及有易燃易爆物质的场所等
	禁止叉车和厂内机动车辆通行 No access for fork lift trucks and other industrial vehicles	禁止叉车和其他厂内机动车辆通行的场所		禁止穿带钉鞋 No putting on spikes	有静电火花会导致灾害或有触电危险的作业场所，如：有易燃易爆气体或粉尘的车间及带电作业场所
	禁止乘人 No riding	乘人易造成伤害的设施，如：室外运输吊篮、外操作载货电梯框架等		禁止开启无线移动通信设备 No activated mobile phones	火灾、爆炸场所以及可能产生电磁干扰的场所，如加油站、飞行中的航天器、油库、化工装置区等
	禁止靠近 No nearing	不允许靠近的危险区域，如：高压试验区、高压线、输变电设备的附近		禁止携带金属物或手表 No metallic articles or watches	易受到金属物品干扰的微波和电磁场所，如磁共振室等

	禁止入内 No entering	易造成事故或对人员有伤害的场所，如：高压设备室、各种污染源等入口处		禁止佩戴心脏起搏器者靠近 No access for persons with pacemakers	安装人工起搏器者禁止靠近高压设备、大型电机、发电机、电动机、雷达和有强磁场设备等
	禁止推动 No pushing	易于倾倒的装置或设备，如车站屏蔽门等		禁止植入金属材料者靠近 No access for persons with metallic implants	易受到金属物品干扰的微波和电磁场所，如磁共振室等
	禁止停留 No stopping	对人员具有直接危害的场所，如：粉碎场地、危险路口、桥口等处		禁止游泳 No swimming	禁止游泳的水域
	禁止通行 No thoroughfare	有危险的作业区，如：起重、爆破现场，道路施工工地等		禁止滑冰 No skating	禁止滑冰的场所

	禁止跨越 No striding	禁止跨越的危险地段，如：专用的运输通道、带式输送机和其他作业流水线，作业现场的沟、坎、坑等	禁止携带武器及仿真武器 No carrying weapons and emulating weapons	不能携带和托运武器、凶器和仿真武器的场所或交通工具，如飞机等
	禁止攀登 No climbing	不允许攀爬的危险地点，如：有坍塌危险的建筑物、构筑物、设备旁	禁止携带托运易燃及易爆物品 No carrying flammable and explosive materials	不能携带和托运易燃、易爆物品及其他危险品的场所或交通工具，如火车、飞机、地铁等
	禁止跳下 No jumping down	不允许跳下的危险地点，如：深沟、深池、车站站台及盛装过有毒物质、易产生窒息气体的槽车、储罐、地窖等处	禁止携带托运有毒物品及有害液体 No carrying poisonous materials and harmful liquid	不能携带托运有毒物品及有害液体的场所或交通工具，如火车、飞机、地铁等
	禁止伸出窗外 No stretching out of the window	易于造成头手伤害的部位或场所，如公交车窗、火车车窗等	禁止携带托运放射性及磁性物品 No carrying radioactive and magnetic materials	不能携带托运放射性及磁性物品的场所或交通工具，如火车、飞机、地铁等

5.1.3　警告标志

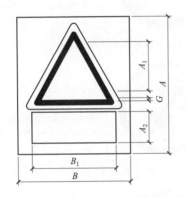

标志牌色彩图例

标准色

黄色（YELLOW）C0 M0 Y100 K0

黑色（BLACK）C0 M0 Y0 K100

警 告 标 志

（1）用途：提醒人们对周围环境引起注意，以避免可能发生的危险。

（2）结构：

1）长方形衬底牌，上方是警告标志（正三角形边框），下方是文字辅助标志（矩形边框）。图形上、中、下间隙，左、右间隙相等。

2）长方形衬底为白色，正三角形边框底色为黄色，边框及标志符号为黑色，辅助标志为白底黑框，黑色黑体字，字号根据标志牌尺寸、字数调整。

（3）使用要求：安装应符合 GB/T 2893.5—2020《图形符号　安全色和安全标志　第 5 部分：安全标志使用原则与要求》的要求。

（4）制图参数见图5-1-3。

警告标志牌的制图参数　　　　　单位：mm

参数 型号	A	B	B_1	A_1	A_2	G
1	500	400	305	115	213	10
2	400	320	244	92	170	8
3	300	240	183	69	128	6
4	200	160	122	46	85	4

注：边框外角圆弧半径 $r=0.080A$；局部信息标志牌设 4 型、3 型或 2 型；车间内设 2 型或 1 型；车间入口处、厂区内和工地内宜设组合标志牌，型号根据现场情况选择 4 型或 3 型；尺寸允许有 3% 的误差。

图5-1-3　警告标志牌

5.1.4　警告标志图例

图标	名称	说明	图标	名称	说明
	注意安全 Warning danger	易造成人员伤害的场所及设备等		当心扎脚 Warning splinter	易造成脚部伤害的作业地点，如：铸造车间、木工车间、施工工地及有尖角散料等处
	当心火灾 Warning fire	易发生火灾的危险场所，如：可燃性物质的生产、储运、使用等地点		当心有犬 Warning guard dog	有犬类作为保卫的场所
	当心爆炸 Warning explosion	易发生爆炸危险的场所，如易燃易爆物质的生产、储运、使用或受压容器等地点		当心弧光 Warning arc	由于弧光造成眼部伤害的各种焊接作业场所
	当心腐蚀 Warning corrosion	有腐蚀性物质（GB 12268—2005中第8类所规定的物质）的作业地点		当心高温表面 Warning hot surface	有灼烫物体表面的场所

	当心中毒 Warning poisoning	剧毒品及有毒物质（GB 12268—2005 中第 6 类第 1 项所规定的物质）的生产、储运及使用地点		当心低温 Warning low temperature/freezing conditions	易于导致冻伤的场所，如：冷库、气化器表面、存在液化气体的场所等
	当心感染 Warning infection	易发生感染的场所，如：医院传染病区；有害生物制品的生产、储运、使用等地点		当心磁场 Warning magnetic field	有磁场的区域或场所，如高压变压器、电磁测量仪器附近等
	当心触电 Warning electric shock	有可能发生触电危险的电器设备和线路，如：配电室、开关等		当心电离辐射 Warning ionizing radiation	能产生电离辐射危害的作业场所，如：生产、储运、使用 GB 12268—2005 规定的第 7 类物质的作业区
	当心电缆 Warning cable	有暴露的电缆或地面下有电缆处施工的地点		当心裂变物质 Warning fission matter	具有裂变物质的作业场所，如：其使用车间、储运仓库、容器等

	当心自动启动 Warning automatic start－up	配有自动启动装置的设备		当心激光 Warning laser	有激光产品和生产、使用、维修激光产品的场所
	当心机械伤人 Warning mechanical injury	易发生机械卷入、轧压、碾压、剪切等机械伤害的作业地点		当心微波 Warning microwave	凡微波场强超过 GB 10436、GB 10437 规定的作业场所
	当心塌方 Warning collapse	有塌方危险的地段、地区，如：堤坝及土方作业的深坑、深槽等		当心叉车 Warning fork lift trucks	有叉车通行的场所
	当心冒顶 Warning roof fall	具有冒顶危险的作业场所，如：矿井、隧道等		当心车辆 Warning vehicle	厂内车、人混合行走的路段，道路的拐角处，平交路口；车辆出入较多的厂房、车库等出入口

	当心坑洞 Warning hole	具有坑洞易造成伤害的作业地点，如：构件的预留孔洞及各种深坑的上方等		当心火车 Warning train	厂内铁路与道路平交路口，厂（矿）内铁路运输线等
	当心落物 Warning falling objects	易发生落物危险的地点，如：高处作业、立体交叉作业的下方等		当心坠落 Warning drop down	易发生坠落事故的作业地点，如：脚手架、高处平台、地面的深沟（池、槽）、建筑施工、高处作业场所等
	当心吊物 Warning overhead load	有吊装设备作业的场所，如：施工工地、港口、码头、仓库、车间等		当心障碍物 Warning obstacles	地面有障碍物，绊倒易造成伤害的地点
	当心碰头 Warning overhead obstacles	有产生碰头的场所		当心跌落 Warning drop(fall)	易于跌落的地点，如：楼梯、台阶等

	当心挤压 Warning crushing	有产生挤压的装置、设备或场所，如自动门、电梯门、车站屏蔽门等		当心滑倒 Warning slippery surface	地面有易造成伤害的滑跌地点，如：地面有油、冰、水等物质及滑坡处
	当心烫伤 Warning scald	具有热源易造成伤害的作业地点，如：冶炼、锻造、铸造、热处理车间等		当心落水 Warning falling into water	落水后有可能产生淹溺的场所或部位，如城市河流、消防水池等
	当心伤手 Warning injure hand	易造成手部伤害的作业地点，如：玻璃制品、木制加工、机械加工车间等		当心缝隙 Warning gap	有缝隙的装置、设备或场所，如自动门、电梯门、列车等
	当心夹手 Warning hands pinching	有产生挤压的装置、设备或场所，如自动门、电梯门、列车车门等			

5.1.5　指令标志

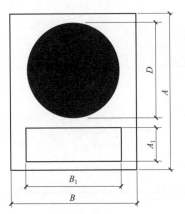

指令标志牌的制图参数　　　单位：mm

型号＼参数	A	B	A_1	D（B_1）
1	500	400	115	305
2	400	320	92	244
3	300	240	69	183
4	200	160	46	122

　　注：局部信息标志牌设 4 型、3 型或 2 型；车间内设 2 型或 1 型；车间入口处、厂区内和工地内宜设组合标志牌，型号根据现场情况选择 4 型或 3 型；尺寸允许有3%的误差。

标志牌色彩图例

标准色

蓝色（BLUE）C100 M0 Y0 K0

黑色（BLACK）C0 M0 Y0 K100

指 令 标 志

（1）用途：强制人们必须做出某种动作或采用防范措施的图形标志。

（2）结构：

1）长方形衬底牌，上方是指令标志(圆形)，下方是文字辅助标志(矩形)。图形上、中、下间隙，左、右间隙相等。

2）长方形衬底为白色，圆形底色为蓝色，标志符号为白色，辅助标志为蓝色白底黑体字，字号根据标志牌尺寸、字数调整。

（3）使用要求：安装应符合 GB/T 2893.5—2020《图形符号　安全色和安全标志　第 5 部分：安全标志使用原则与要求》的要求。

（4）制图参数见图 5-1-4。

图 5-1-4　指令标志牌

5.1.6 指令标志图例

	必须戴防护眼镜 MUST WEAR PROTECTIVE GOGGLES	对眼镜有伤害的各种作业场所和施工场所		必须穿救生衣 MUST WEAR LIFE JACKET	易发生溺水的作业场所，如：船舶、海上工程结构物等
	必须佩戴遮光护目镜 MUST WEAR OPAQUE EYE PROTECTION	存在紫外、红外、激光等光辐射的场所，如电气焊等		必须穿防护服 MUST WEAR PROTECTIVE CLOTHES	具有放射、微波、高温及其他需穿防护服的作业场所
	必须戴防尘口罩 MUST WEAR DUSTPROOF MASK	具有粉尘的作业场所，如：纺织清花车间、粉状物料拌料车间以及矿山凿岩处等		必须戴防护手套 MUST WEAR PROTECTIVE GLOVES	易伤害手部的作业场所，如：具有腐蚀、污染、灼烫、冰冻及触电危险的作业等地点
	必须戴防毒面具 MUST WEAR GAS DEFENCE MASK	具有对人体有害的气体、气溶胶、烟尘等作业场所，如：有毒物散发的地点或处理由毒物造成的事故现场		必须穿防护鞋 MUST WEAR PROTECTIVE SHOES	易伤害脚部的作业场所，如：具有腐蚀、灼烫、触电、砸（刺）伤等危险的作业地点

	必须戴护耳器 MUST WEAR EAR PROTECTOR	噪声超过 85DB 的作业场所，如：铆接车间、织布车间、射击场、工程爆破、风动掘进等处		必须洗手 MUST WASH YOUR HANDS	解除有毒有害物质作业后
	必须戴安全帽 MUST WEAR SAFETY HELMET	头部易受外力伤害的作业场所，如：矿山、建筑工地、伐木场、造船厂及起重吊装处等		必须加锁 MUST BE LOCKED	剧毒品、危险品库房等地点
	必须戴防护帽 MUST WEAR PROTECTIVE CAP	易造成人体碾烧伤害或有粉尘污染头部的作业场所，如：纺织、石棉、玻璃纤维以及具有旋转设备的机加工车间等		必须接地 MUST CONNECT AN CARTH TERMINAL TO THE GROUND	防雷、防静电场所
	必须系安全带 MUST FASTENED SAFETY BELT	易发生坠落危险的作业场所，如：高处建筑、修理、安装等地点		必须拔出插头 MUST DISCONNECT MAINS PLUG FROM ELECTRICAL OUTLET	在设备维修、故障、长期停用、无人值守状态下

5.1.7 提示标志

标志牌色彩图例

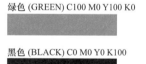

标准色

绿色 (GREEN) C100 M0 Y100 K0

黑色 (BLACK) C0 M0 Y0 K100

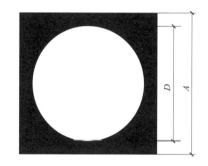

提示标志牌的制图参数　单位：mm

型号 \ 参数	A	D
1	250	200
2	150	120

图5-1-5　提示标志牌

提 示 标 志

（1）用途：向人们提供某种信息(如标明安全设施或场所等)的图形标志。

（2）结构：

1）正方形衬底牌和相应文字，四周间隙相等。

2）正方形衬底为绿色，标志符号为白色，文字为黑色（白色）黑体字，字号根据标志牌尺寸、字数调整。

（3）使用要求：安装应符合GB/T 2893.5—2020《图形符号 安全色和安全标志 第5部分：安全标志使用原则与要求》的要求。

（4）制图参数：A=250mm，D=200mm，见图5-1-5。

5.1.8　提示标志图例

	紧急出口 EMERGENT EXIT	便于安全疏散的紧急出口处，与方向箭头结合设在通向紧急出口的通道、楼梯口等处		击碎板面 BREAK TO OBTAIN ACCESS	必须击开板面才能获得出口
	避险处 HAVEN	铁路桥、公路桥、矿井及隧道内躲避危险的地点		急救点 FIRST AID	设置现场急救仪器设备及药品的地点
	应急避难场所 EVACUATION ASSEMBLY POINT	在发生突发事件时用于容纳危险区域内疏散人员的场所，如公园、广场等		应急电话 EMERGENCY TELEPHONE	安装应急电话的地点
	可动火区 FLARE UP REGION	经有关部门划定的可使用明火的地点		紧急医疗站 DOCTOR	有医生的医疗救助场所

5.1.9　安全标志安装

安全标志安装

（1）标志牌设置的高度，应尽量与人眼的视线高度相一致。悬挂式和柱式的环境信息标志牌的下缘距地面的高度不宜小于 2m；局部信息标志的设置高度应视具体情况确定。

（2）标志牌应设在与安全有关的醒目地方。环境信息标志宜设在有关场所的入口处和醒目处；局部信息标志应设在所涉及的相应危险地点或设备(部件)附近的醒目处。

（3）标志牌不应设在门、窗、架等可移动的物体上，以免标志牌随母体物体相应移动，影响认读。标志牌前不得放置妨碍认读的障碍物。

（4）标志牌的平面与视线夹角应接近 90°，观察者位于最大观察距离时，最小夹角不低于 75°，如图 5-1-6 所示标志牌平面与视线夹角 α 不低于 75°。

（5）标志牌的固定方式分附着式、悬挂式和柱式三种。悬挂式和附着式的固定应稳固不倾斜，柱式的标志牌和支架应牢固地连接在一起。

（6）其他要求应符合 GB/T 15566《公共信息导向系统设置原则与要求》的规定。

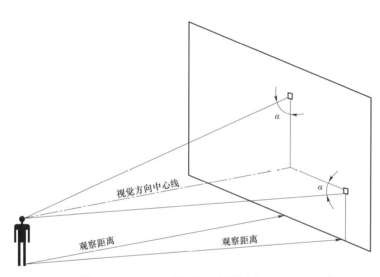

图 5-1-6　标志牌平面与视线夹角 α 不低于 75°

5.2 消防标志

消防按钮
FIRE CALL POIN

安全出口
EXIT

消防软管卷盘
FIRE HOSE REEI

火灾报警装置或灭火设备的方位
DIRECTION OF FIRE ALARM
DEVICE OR FIREFIGHTING

图 5-2-1 各类消防标志牌示例

消 防 标 志

（1）用途：按现场的实际需求，设置于相应的位置。分禁止和警告标志、火灾报警装置标志、灭火设备标志、紧急疏散逃生标志、方向辅助标志等 5 种。

（2）结构：

1）用几何形状、安全色、表示特定消防安全信息的图形符号构成。

2）应符合 GB/T 2893.5—2020《图形符号 安全色和安全标志 第 5 部分：安全标志使用原则与要求》。和 GB/T 13495.1—2015《消防安全标志 第 1 部分：标志》的要求。

（3）使用要求：各单位应结合施工的实际情况，按工作的进展对现场的消防标志进行完善。

（4）图例：各类消防标志牌示例见图 5-2-1。

5.2.1　消防禁止和警告标志

	禁止吸烟 NO SMOKING	表示禁止吸烟		禁止阻塞 DO NOT OBSTRUCT	表示禁止阻塞的指定区域（如疏散通道）
	禁止烟火 NO BURNING	表示禁止吸烟或各种形式的明火		禁止锁闭 DO NOT LOCK	表示禁止锁闭的指定部位（如疏散通道和安全出口的门）
	禁止放易燃物 NO FLA MMABLE MATERIALS	表示禁止存放易燃物		当心易燃物 WARNING： FLAMMABLE MATERIAL	警示来自易燃物质的危险
	禁止燃放鞭炮 NO FIREWORKS	表示禁止燃放鞭炮或焰火		当心氧化物 WARNI NG：OXIDIZING SUBSTANCE	警示来自氧化物的危险
	禁止用水灭火 DO NOT EXTINGUISH WITH WATER	表示禁止用水作灭火剂或用水灭火		当心爆炸物 WARNING： EXPLOSIVE MATERIAL	警示来自爆炸物的危险，在爆炸物附近或处置爆炸物时应当心

5.2.2 火灾报警装置标志

	消防按钮 FIRE CALL POINT	标示火灾报警按钮和消防设备启动按钮的位置。 需指示消防按钮方位时，应与方向标志组合使用
	发声警报器 FIRE ALARM	标示发声警报器的位置
	火警电话 FIRE ALARM TELEPHONE	标示火警电话的位置和号码。 需指示火警电话方位时，应与方向标志组合使用
	消防电话 FIRE TELEPHONE	标示火灾报警系统中消防电话及插孔的位置。 需指示消防电话方位时，应与方向标志组合使用

5.2.2.1 火灾声光报警器

图 5-2-2 火灾声光报警器标志牌示例

火灾声光报警器

（1）尺寸：(W)100mm×(H)140mm。

（2）材料：双色板雕刻。

（3）字体：黑体。

（4）颜色：红底白字。

（5）安装位置：粘贴在火灾声光报警器旁。

（6）图例：火灾声光报警器标志牌示例见图 5-2-2。

5.2.2.2　火灾报警按钮

图 5-2-3　火灾报警按钮标志牌示例

火 灾 报 警 按 钮

（1）尺寸：(W)120mm×(H)120mm。

（2）材料：双色板雕刻或亚克力。

（3）字体：黑体。

（4）颜色：红底白字。

（5）安装位置：粘贴在火灾报警按钮旁。

（6）图例：火灾报警按钮标志牌示例见图 5-2-3。

5.2.3　灭火设备标志示例

图标	名称	说明	图标	名称	说明
	灭火设备 FIRE-FIGHTING EQUIPMENT	标示灭火设备集中摆放的位置。需指示灭火设备的方位时，应与方向标志组合使用		消防软管卷盘 FIRE HOSE REEL	标示消防软管卷盘、消火栓箱、消防水带的位置。 需指示消防软管卷盘、消火栓箱、消防水带的方位时，应与方向标志组合使用
	手提式灭火器 PORTABLE FLRE EXTINGUISHER	标示手提式灭火器的位置。需指示手提式灭火器的方位时，应与方向标志组合使用		地下消火栓 UNDERGROUND FIRE HYDRANT	标示地下消火栓的位置。 需指示地下消火栓的方位时，应与方向标志组合使用
	推车式灭火器 WHEELED FIRE EXTI NGUISHER	标示推车式灭火器的位置。需指示推车式灭火器的方位时，应与方向标志组合使用		地上消火栓 OVERGROUND FIRE HYDRANT	标示地上消火栓的位置。 需指示地上消火栓的方位时，应与方向标志组合使用
	消防炮 FIRE MONITOR	标示消防炮的位置。需指示消防炮的方位时，应与方向标志组合使用		消防水泵接合器 SIAMESE CONNE CTION	标示消防水泵接合器的位置。 需指示消防水泵接合器的方位时，应与方向标志组合使用

5.2.3.1 室外地上消火栓

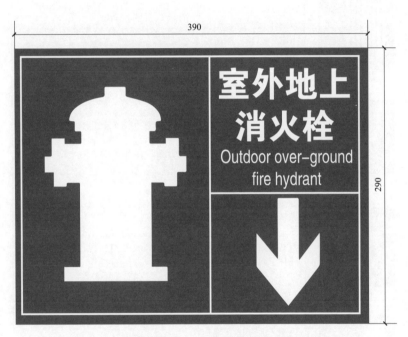

图 5-2-4 火灾报警按钮标志牌示例

室外地上消火栓

（1）尺寸：(W)390mm×(H)290mm（可根据实际情况调整尺寸）。

（2）材料：铝合金板。

（3）字体：黑体。

（4）颜色：红底白字。

（5）安装位置：在消火栓旁。

（6）图例：火灾报警按钮标志牌示例见图 5-2-4。

5.2.3.2　地下消火栓

图 5-2-5　地下消火栓标志牌示例

地 下 消 火 栓

（1）尺寸：(W)390mm×(H)290mm（可根据实际情况调整尺寸）。

（2）材料：铝合金板。

（3）字体：黑体。

（4）颜色：红底白字。

（5）安装位置：在消火栓旁。

（6）图例：地下消火栓标志牌示例见图 5-2-5。

5.2.3.3　室内消火栓

图 5-2-6　室内消火栓标志牌示例

室 内 消 火 栓

（1）尺寸：(W)300mm×(H)400mm（可根据实际情况调整尺寸）。

（2）材料：铝合金板/PP 背胶。

（3）字体：黑体。

（4）颜色：红底白字。

（5）安装位置：在室内消火栓所处位置。

（6）图例：室内消火栓标志牌示例见图 5-2-6。

5.2.3.4　灭火器

图 5-2-7　灭火器标志牌示例

灭　火　器

（1）尺寸：(W)200mm×(H)300mm（可根据实际情况调整尺寸）。

（2）材料：铝合金板/PP 背胶。

（3）字体：黑体。

（4）颜色：红底白字。

（5）安装位置：在灭火器所处位置。

（6）图例：灭火器标志牌示例见图 5-2-7。

5.2.4　紧急疏散逃生标志

安全出口 EXIT	提示通往安全场所的疏散出口。 根据到达出口的方向，可选用向左或向右的标志。指示安全出口的方位时，应与方向标志组合使用		滑动开门 SLIDE	提示滑动门的位置及方向
推开 PUSH	提示门的推开方向		击碎板面 BREAK TO OBTAIN ACCESS	提示需击碎板面才能取到钥匙、工具，操作应急设备或开启紧急逃生出口
拉开 PUIL	提示门的拉开方向		逃生梯 ESCAPE LADDER	提示固定安装的逃生梯的位置

5.2.4.1 安全通道提示牌

图5-2-8 安全通道标志牌示例

安 全 通 道 提 示 牌

（1）尺寸：(W)330mm×(H)130mm。

（2）材料：采用荧光材料材质KT板包边，表面磨砂PVC。

（3）字体：黑体，中英文字显示。

（4）颜色：绿底白字。

（5）安装位置：在走廊和大门的进出口处，必须安装在固定的物体上。

（6）图例：安全通道标志牌示例见图5-2-8。

5.2.4.2　紧急疏散示意图

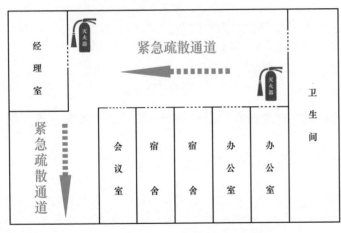

图 5-2-9　紧急疏散示意图

紧 急 疏 散 示 意 图

（1）用途：在现场工地、办公区域内应设置紧急疏散图。

（2）结构：

1）尺寸：(W)1200mm×(H)800mm，也可根据实际情况调整尺寸；

2）白底红字、黑字、绿字组合。

3）面板:铝合金材质。

（3）使用要求：

1）现场应悬挂紧急疏散图，并应设不少于两个出入口。

2）危险品仓库外部应设置危险品存放信息牌，悬挂应急疏散图、应急联络电话等标牌，配备应急消防器材、现场急救用品、冲洗或清洗设备等。

3）紧急疏散图宜布置在通道转弯处、交叉路口、主要出入口等显眼位置。

（4）图例：紧急疏散示意图见图 5-2-9。

5.2.4.3 应急避险场所

应急避险场所
EMERGENCY SHELTER

1

图 5－2－10 应急避难场所标志

应 急 避 险 场 所

（1）用途：标明现场哪些位置为应急时人员集合点。

（2）结构：

1）尺寸：(W)1200mm×(H)800mm，也可根据实际情况调整尺寸。

2）白底红字、黑字、绿字组合。

3）面板：铝合金材质。

（3）使用要求：

1）固定于建筑物墙面上。

2）应符合 GB/T 2893.5—2020《图形符号 安全色和安全标志 第 5 部分：安全标志使用原则与要求》的要求。

（4）图例：应急避难场所标志见图 5－2－10。

5.2.4.4 安全标志设置示例

安全标志设置示例分别见图 5-2-11～图 5-2-14。

图 5-2-11 使用安全标志识别急救专用电话的示意图

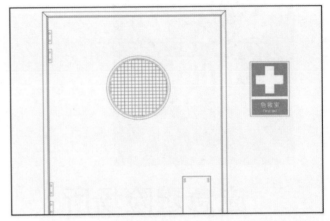

图 5-2-12 使用安全标志指示急救室位置的示意图

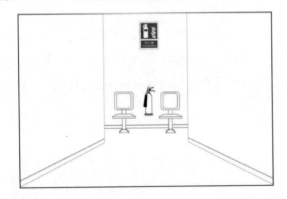

图 5-2-13 使用安全标志指示灭火器位置的示意图

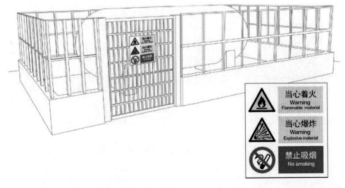

图 5-2-14 使用集合标志识别风险和禁止行为的应用示意图

5.2.5　方向辅助标志

	疏散方向 DIRECTION OF ESCAPE	指示安全出口的方向。 箭头的方向还可为上、下、左上、右上、右、右下等
	火灾报警装置或灭火设备的方位 DIRECTION OF FIRE ALARM DEVICE OR FIREFIGHTING EQUIPMENT	指示火灾报警装置或灭火设备的方位。 箭头的方向还可为上、下、左上、右上、右上、右下等

5.2.6　消防组合标志示例

	保留内部衬边		指示"手提式灭火器"在左方
	保留内部衬边		指示"手提式灭火器"在左下方
	省略内部衬边		指示"消防软管卷盘"在左方
	面向疏散方向设置（如悬挂在大厅、疏散通道上方等），指示"安全出口"在前方；沿疏散方向设置在地面上，指示"安全出口"在前方；设置在"逃生梯"等设施旁，指示"安全出口"在上方；设置在"安全出口"上方，指示可向上疏散至室外		指示"消防软管卷盘"在右下方

	指示"安全出口"在左上方		指示"地上消火栓"在左方
	指示"安全出口"在左方		指示"地上消火栓"在右方
	指示"安全出口"在左下方		保留内部衬边
	指示向左或向右皆可到达安全出口		保留内部衬边
	指示向左或向右皆可到达安全出口		省略内部衬边

	指示"消防按钮"在左方		指示"安全出口"在右方
	指示"消防按钮"在右方		指示向左或向右皆可到达安全出口
	指示"消防电话"在左方		指示"火灾报警按钮"在左方
	指示"消防电话"在右方		指示"地上消火栓"在右方

5.2.7 消防安全标志常用尺寸

消防安全标志常用尺寸示例见图5-2-15。

型号	公称尺寸		
	正方形标志的边长 a	圆形标志的外径 b	三角形标志的边长 b
1	63	70	75
2	100	110	120
3	160	175	190
4	250	280	300
5	400	440	480
6	630	700	750
7	1000	1100	1200

消防安全标志常用的型号和公称尺寸　　单位：mm

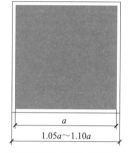

标志的颜色应为：
背景：绿色
图形符号：白色
衬边：白色

紧急疏散逃生标志的设计尺寸

标志的颜色应为：
背景：红色
图形符号：白色
衬边：白色

火灾报警装置、灭火设备标志的设计尺寸

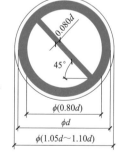

标志的颜色应为：
背景：白色
环形边框和斜杠：红色
图形符号：黑色
衬边：白色

禁止标志的设计尺寸

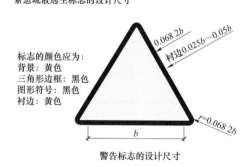

标志的颜色应为：
背景：黄色
三角形边框：黑色
图形符号：黑色
衬边：黄色

警告标志的设计尺寸

图5-2-15 消防安全标志常用尺寸示例

5.2.8　防火重点部位

图 5-2-16　防火重点部位标志牌示例

防 火 重 点 部 位

（1）尺寸：(W)400mm×(H)300mm。

（2）材料：铝合金板/PP 背胶。

（3）字体：黑体。

（4）颜色：白底红字。

（5）安装位置：在进出口处或设备旁，必须安装在固定的物体上。

（6）防火重点部位标志牌示例见图 5-2-16。

5.2.9　防火门提示

图 5-2-17　防火门标志牌示例

防　火　门

（1）尺寸：(W)200mm×(H)400mm。

（2）材料：铝合金板/PP 背胶。

（3）字体：黑体。

（4）颜色：白底红字/黑字。

（5）安装位置：在进出口处，必须安装在固定的物体上。

（6）图例：防火门标志牌示例见图 5-2-17。

5.2.10　紧急联系电话

图 5-2-18　紧急联系电话标志牌示例

紧 急 联 系 电 话

（1）尺寸：(W)200mm×(H)400mm。

（2）材料：铝合金板/PP 背胶。

（3）字体：黑体。

（4）颜色：标题为红底白字，内容为白底红字，加企业图标。

（5）安装位置：在进出口处，必须安装在固定的物体上。

（6）图例：紧急联系电话标志牌示例见图 5-2-18。

5.2.11 消防平面布置图

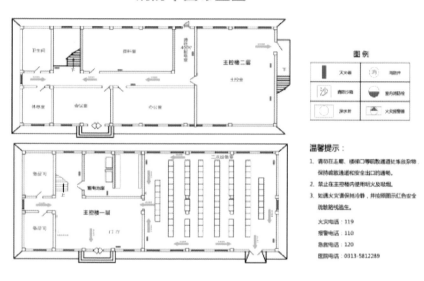

图 5-2-19 消防平面布置图示意图

消防平面布置图

（1）现场各区域显眼位置应张贴消防管理平面布置图，及时动态反映现场各重点防火部位和消防器材布置情况。

（2）现场应建立与消防器材平面布置图相对应的消防器材管理台账；若消防器材布置点发生变化时，应及时更新平面图和管理台账。

（3）图例：消防平面布置图示意图见图 5-2-19。

5.3 通行标志

注意危险　　慢行　　施工

禁止通行　　禁止驶入　　限制高度

禁止车辆临时或长时停放　　禁止车辆长时停放　　禁止通行

禁止乘人　　禁止停留　　禁止攀登

图 5-3-1　通行标志牌

通 行 标 志

（1）用途：应按现场的实际需求，设置于相应的位置。

（2）结构：应符合 GB/T 2893.5—2020《图形符号　安全色和安全标志　第 5 部分：安全标志使用原则与要求》和 GB 5768.2—2009《道路交通标志和标线　第 2 部分：道路交通标志》要求。

（3）图例：通行标志牌见图 5-3-1。

5.3.1 限高/限速标志

图 5-3-2 限高/限速标志

限高/限速标志

（1）用途：用于集控中心、换流站进站路口处。

（2）结构：

1）字体为白底黑字，应符合 GB 5768.2—2009《道路交通标志和标线 第 2 部分：道路交通标志》要求。

2）根据实际情况调整成品尺寸。

3）材料：铝板反光膜或 0.8mm 或 1.2mm 厚度的不锈铁板烧制的搪瓷标识牌。

4）字体：数字为方正大黑。

（3）使用要求：限速牌如临时设置，可采用图例方案；如长期设置，宜采用地埋方式。

（4）图例：限高/限速标志见图 5-3-2。

5.3.2　车辆行驶警告标志牌

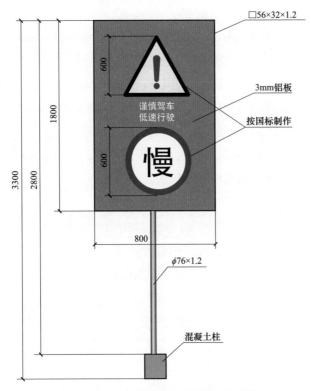

图 5－3－3　车辆行驶警告标志牌

车辆行驶警告标志牌

（1）用途：用于施工场内路口、大门进出口处。

（2）结构。

1）"慢"字为黑色，其余字为白色，标志牌为三峡蓝色，"○"为红色，"△"为黄底黑框，应符合 GB 5768.2—2009《道路交通标志和标线　第 2 部分：道路交通标志》要求。

2）立杆材料为不锈钢，中间图案部分采用铝板反光膜。

3）字体：数字为方正大黑。

（3）图例：车辆行驶警告标志牌见图 5－3－3。

5.3.3 出入口提示标志

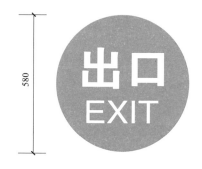

580

图 5-3-4 出入口提示标志牌

出入口提示标志

（1）用途：用于施工场内主要道路指示。

（2）结构：

1）三峡蓝底白字，字体为方正大黑简体。

2）尺寸：直径 580 mm，也可根据实际情况调整合适尺寸。

3）材质：铝板反光膜。

（3）材质：标牌为铝板反光膜，立杆为无锈钢，其他材料视现场情况自定。

（4）图例：出入口提示标志牌见图 5-3-4。

5.3.4 道路减速带

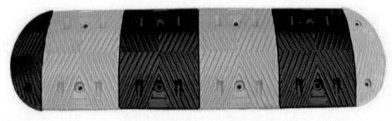

图 5-3-5 道路减速带

道 路 减 速 带

（1）用途：主要功能是为了起到汽车缓冲减速的目的。

（2）结构：

1）根据现场情况，可购买成品安装。

2）减速带宽度尺寸应在(300mm±5mm)~(400mm±5mm)范围内，高度尺寸应在(25mm±2mm) ～(70mm±2mm)范围内。

（3）使用要求：主要用于施工场内路口、大门进出口处，停车场、车库等出入口，上下坡，人行道等需要车辆减速慢行的路段和容易引发交通事故的路段。

（4）图例：道路减速带见图5-3-5。

5.3.5 室外通行线

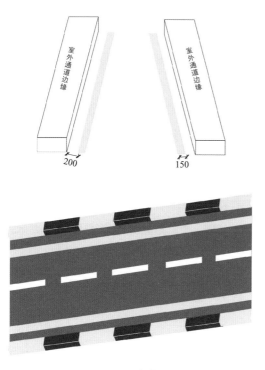

图 5-3-6 室外通行线示意图

室 外 通 行 线

（1）用途：用于施工场内道路。

（2）结构：

1）应符合 GB 5768.2—2009《道路交通标志和标线第 2 部分：道路交通标志》要求。

2）热熔反光涂料，距离道路两旁边缘 200mm 的位置划线（黄色）。

（3）图例：室外通行线示意图见图 5-3-6。

5.3.6 道路路沿

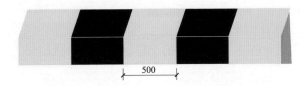

道 路 路 沿

（1）用途：用于施工场内道路。

（2）结构：

1）应符合 GB 5768.2—2009《道路交通标志和标线 第 2 部分：道路交通标志》要求。

2）尺寸：(W)500mm，有标准石头的按照石头长度间隔涂黄色和黑色。

3）材料：热熔反光涂料。

（3）图例：道路路沿示意图见图 5-3-7。

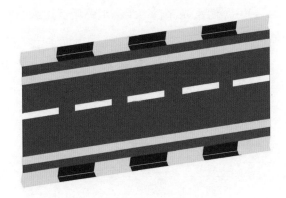

图 5-3-7 道路路沿示意图

5.3.7 道路标线

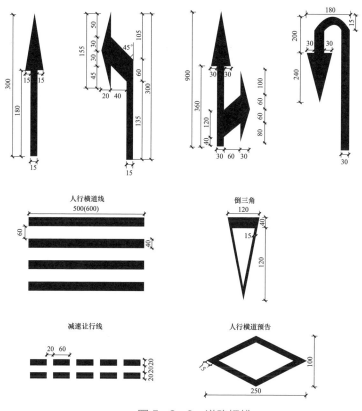

图 5-3-8 道路标线

道 路 标 线

（1）用途：用于施工场内道路。

（2）结构：

1）应符合 GB 5768.2—2009《道路交通标志和标线
第 2 部分：道路交通标志》要求。

2）材料：热熔反光涂料。

（3）图例：道路标线见图 5-3-8。

5.3.8 车位

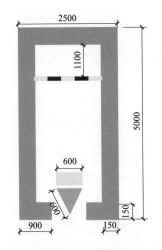

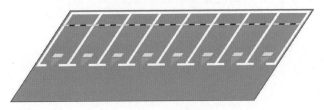

图 5-3-9　车位示意图

车　位

（1）用途：用于施工场内道路。

（2）结构：

1）应符合 GB 5768.2—2009《道路交通标志和标线　第 2 部分：道路交通标志》要求。

2）尺寸：(W)5000mm×(H)2500mm。

3）颜色：白色。

（3）图例：车位示意图见图 5-3-9。

5.3.9　挡车杆

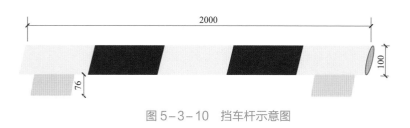

2000

100

76

图 5-3-10　挡车杆示意图

挡　车　杆

（1）用途：用于施工场内路口、大门进出口处。

（2）结构：

1）应符合 GB 5768.2—2009《道路交通标志和标线 第 2 部分：道路交通标志》要求。

2）尺寸：(L)2000mm×(W)76mm×(H)100mm，也可根据实际情况调整尺寸。

3）颜色：黄、黑相间反光油漆。

（3）图例：挡车杆示意图见图 5-3-10。

5.3.10　停车场指示牌

图 5-3-11　停车场指示牌示意图

停车场指示牌

（1）用途：用于施工场内停车场。

（2）结构：

1）材料：推荐使用钢铝合金等轻型材质。采用固化胶链锁定。

2）尺寸：(W)800mm×(H)1600mm，也可根据实际情况调整尺寸。其中，标识尺寸：(H)90mm，在页面中间左右对齐。

3）字体："停车场"及"PARKING"为方正大黑。"请按指示停车"及项目公司名称为黑体。

（3）图例：停车场指示牌示意图见图 5-3-11。

5.4 安全警示、告知类

5.4.1 移动式告示牌

图5-4-1 移动式告示牌示意图

移 动 式 告 示 牌

（1）用途：移动式告示牌设置于临时作业区。

（2）结构：

1）可根据实际情况购置或制作。

2）可根据实际情况，选择警告、指示或其他相应图标和文字。
应符合 GB/T 2893.5—2020《图形符号 安全色和安全标志 第 5 部分：安全标志使用原则与要求》的要求。

（3）图例：移动式告示牌示意图见图 5-4-1。

5.4.2　场区安全警示牌

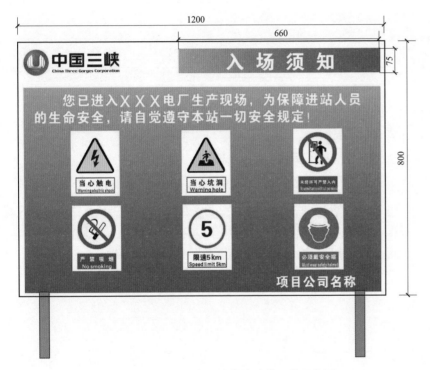

图 5-4-2　场区入场安全警示牌示意图

场 区 安 全 警 示 牌

（1）用途：用于显示施工区域内必要的安全告知内容。

（2）结构：

1）单位名称栏用参建单位企业名称及标识。

2）文字内容应结合施工作业特点。

3）框架为钢结构，整体结构稳定，中间内容部分采用厚铝板或不锈钢材质，图文部分采用喷绘，字涂反光漆。

4）尺寸：(W)1200mm×(H)800mm，也可根据实际情况调整。

5）材料：铝板反光膜和不锈钢材质。

6）字体：方正大黑。

（3）图例：场区入场安全警示牌示意图见图 5-4-2。

5.4.3 地下设施标识

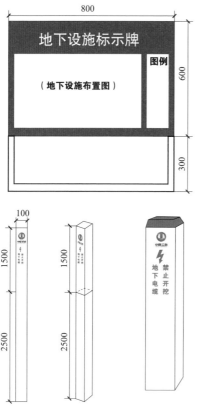

图 5-4-3 地下设施标识示意图

地 下 设 施 标 识

（1）用途：用于标识地下电力设施，防止其受外力破坏。

（2）结构：

1）标示牌框架为钢结构，整体结构稳定，中间内容部分采用厚铝板或不锈钢材质，图文部分采用喷绘，字涂反光漆，双面标示。成品尺寸：(W)800mm×(H)800mm；字体：微软雅黑。

2）地下电缆标识。成品尺寸：(L)100mm×(W)100mm×(H)4000mm；材料：石柱材料，地面保持 150mm，两面刻字(字深 1mm)；字体：方正大黑红色字。

3）双面标识，应标明电压等级、使用单位等。

4）可根据实际情况调整尺寸。

（3）图例：地下设施标识示意图见图 5-4-3。

5.4.4 危险源告知牌

图5-4-4 危险源告知牌

危 险 源 告 知 牌

（1）用途：设置于存在危险源的作业区。

（2）结构：

1）成品尺寸：(W)400mm×(H)300mm，也可根据实际情况购置或制作。

2）材料：铝板反光膜或不锈钢材质。

3）字体：方正大黑等。

4）可根据实际情况，选择警告、指示或其他相应图标和文字。应符合 GB/T 2893.5—2020《图形符号 安全色和安全标志 第5部分：安全标志使用原则与要求》的要求。

（3）图例：危险源告知牌见图5-4-4。

5.4.5　危险源告知示例

施工现场安全风险点公示牌

安全风险点名称	临时用电	可能存在的隐患	1. 临时用电未及时进行验收程序; 2. 安全技术交底签字不齐全; 3. 漏电保护器未设置或失灵,接地保护接线不规范; 4. 该工程场临时用电未达到"三级配电,两级保护"要求; 5. 临时用电无防雨防晒硼棚,或者防护棚搭设不规范; 6. 临时用电违章使用"花线"或其他不规范电缆; 7. 配电箱处消防设施设置不齐全。		
责任人					
附现场照片 		可能发生的事故	可能发生触电伤害事故	警示标志	当心触电　禁止合闸
		风险管控措施	1. 临时用电配电箱安装后及时进行验收程序; 2. 安全技术交底签字齐全; 3. 漏电保护器灵敏有效;接地保护接线规范设置; 4. 该工程临时用电达到"三级配电,两级保护"要求; 5. 临时用电配电箱搭设定型化防雨防晒硼棚,设置关系的封头喷绘,警示标志齐全; 6. 临时用电严禁使用"花线"或其他不规范电缆; 7. 配电箱处消防设施设置齐全。		

施工现场安全风险点公示牌

安全风险点名称	脚手架	可能存在的隐患	1. 脚手架施工方案未及时编制或审批,安全技术交底签字未到每个工人; 2. 作业人员无证上岗,未系安全带、未戴安全帽、防滑鞋; 3. 钢管、扣件材质不合格品;悬挑脚手架使用槽钢;钢悬挑梁未拉设钢丝绳; 4. 脚手架未密挂目网,或防护不严;平网防护缺失,或者张挂不严密; 5. 立杆纵横向距过大,不满足方案要求;立杆搭接接长;立杆接头未设置在同步内; 6. 架体下部无扫地杆或±地杆设置不符合要求,横向水平杆设置数量少,纵向水平杆固定位置不符; 7. 连墙件数量不足;未设剪刀撑;剪刀撑设置不符要求;私自拆除扣件、扣件; 8. 底层和施工层脚手板未满铺。		
责任人					
附现场照片 		可能发生的事故	可能发生高处坠落事故 可能发生物体打击事故 可能造成架体倾覆事故	警示标志	必须系安全带　当心坠落
		风险管控措施	1. 脚手架施工方案及时编制,并经审批,安全技术交底签字到每个工人; 2. 作业人员持证上上岗,系安全带、戴安全帽、穿防滑鞋; 3. 钢管、扣件材质使用合格产品;悬挑脚手架严禁使用槽钢;钢悬挑梁拉设钢丝绳; 4. 脚手架张挂密目网严密;平网防护设置齐全,并张挂严密; 5. 立杆纵横脚距严格按照方案要求设置;立杆严禁搭接长,或者设置在同步内; 6. 架体下部扫地杆、横向水平杆严格按照方案设置施工; 7. 连墙件数量设置齐全;剪刀撑设置齐全;严禁私自拆除扣件、扣件; 8. 底层和施工层脚手板按方案要求满铺。		

施工现场安全风险点公示牌

安全风险 点名称	施工机具	可能 存 在 的 隐 患	1. 施工机械安装后未及时进行验收程序； 2. 安全技术交底签字未到每个工人； 3. 未设置专用箱；漏电保护器未设置或失灵；接地保护接线不规范； 4. 施工机具未做好接地保护； 5. 施工机具转动部位无防护措施； 6. 施工机具无防雨防砸棚，或者防护棚搭设不规范； 7. 现场材料摆放混乱，不便于操作； 8. 施工机具作业时违章操作。		
责 任 人					
附现场照片		可能 发 生 的 事 故	可能发生机械伤害事故	警 示 标 志	⚠当心机械伤人　🔵必须用防护装置
		风险 管控 措施	1. 施工机械安装后及时进行验收程序； 2. 安全技术交底签字到每个工人； 3. 设置专用箱；漏电保护器灵敏有效；接地保护接线规范设置； 4. 施工机具做好接地保护； 5. 施工机具转动部位防护措施设置齐全； 6. 施工机具搭设定型化防护棚棚，设置美观的封头喷绘，警示标点齐全； 7. 现场材料摆放整齐有序，便于操作； 8. 施工机具作业时严禁违章操作。		

施工现场安全风险点公示牌

安全风险 点名称	临边防护	可能 存 在 的 隐 患	1. 电梯井口、井内防护措施不到位，或者违章拆除过早； 2. 楼梯临边、楼面临边、屋面周边、阳台边、料台边等未搭设防护栏杆或防护措施不到位； 3. 深基坑施工未编制专项施工方案或未审批，基坑施工未搭设上人通道； 4. 基坑临边未搭设防护栏杆或无警示标识；临边防护栏杆违章拆除，未及时恢复； 5. 临边防护栏杆搭设高度设置不符合规范； 6. 临边防护栏杆拆除后，未及时恢复。		
责 任 人					
附现场照片		可能 发 生 的 事 故	可能发生高处坠落，物体打击事故	警 示 标 志	🚫禁止蹬越　⚠当心坠落
		风险 管控 措施	1. 电梯井口设置安全防护栏杆，井内设置硬防护或平网防护，严禁拆除； 2. 楼梯临边、楼面临边、屋面周边、阳台边、料台边等搭设定型化防护栏杆； 3. 深基坑施工制专项施工方案，并审批合格，基坑施工搭设上人通道； 4. 基坑临边搭设防护栏杆，设置警示标识，严禁违章拆除； 5. 临边防护栏杆搭设高度严格按施工方案施工； 6. 临边防护栏杆严禁违章拆除。		

5.4.6　职业病危害告知牌

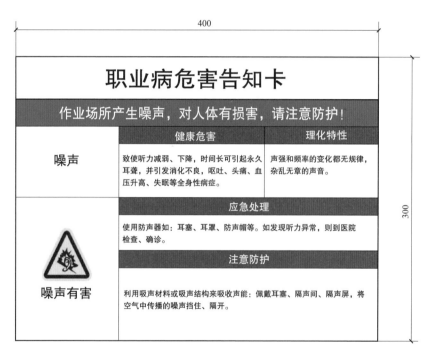

图 5－4－5　危险源告知牌

职 业 病 危 害 告 知 牌

（1）用途：设置于存在危险源的区域。

（2）结构：

1）成品尺寸：(W)400mm×(H)300mm。

2）材料：铝板反光膜或不锈钢材质。

3）字体：见图例。

4）可根据实际情况，选择警告、指示或其他相应图标和文字。应符合 GB/T 2893.5—2020《图形符号　安全色和安全标志　第 5 部分：安全标志使用原则与要求》的要求。

（3）图例：危险源告知牌见图 5－4－5。

5.4.7 随身携带通信工具提示牌

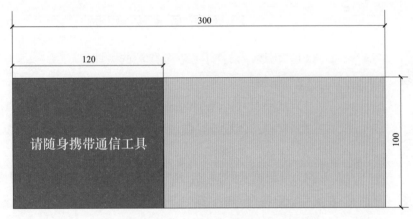

图 5-4-6 随身携带通信工具提示牌

随身携带通信工具提示牌

（1）用途：设置于野外或海上施工作业的区域。

（2）结构：

1）成品尺寸：(W)300mm×(H)100mm，蓝色部分(W) 120mm×(H)100mm。

2）材料：铝板反光膜或不锈钢材质。

3）字体：方正大黑。

（3）图例：随身携带通信工具提示牌见图5-4-6。

5.4.8　平台承重警告标志

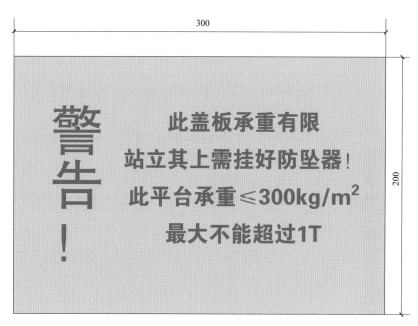

図5-4-7　平台承重警告标志牌

平台承重警告标志

（1）用途：用于平台作业的区域。

（2）结构：

1）成品尺寸：(W)300mm×(H)200mm。

2）材料：铝板反光膜或不锈钢材质。

3）字体：微软雅黑。

（3）图例：平台承重警告标志牌见图5-4-7。

5.4.9 风速、进入机舱等安全提示牌

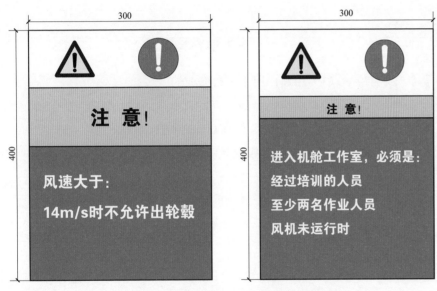

图 5-4-8 风速、进入机舱安全提示牌

安 全 提 示 牌

（1）用途：设置于船舶作业或风电场的区域。

（2）结构：

1）成品尺寸：(W)400mm×(H)300mm。

2）材料：铝板反光膜或不锈钢材质。

3）字体：方正大黑。

（3）图例：风速、进入机舱安全提示牌见图 5-4-8。

5.4.10 事故展板

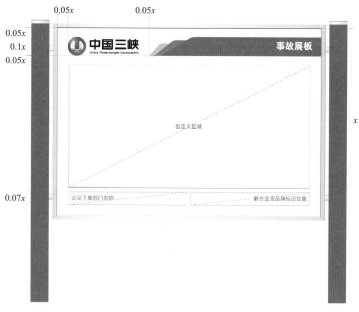

图5-4-9 事故展板

事 故 展 板

（1）用途：设置在施工工地门口或新建集控中心、换流站的进出门大厅处，可根据实际情况，尺寸适当减小。

（2）结构：

1）框架为钢结构，整体结构稳定，中间内容部分采用厚铝板或不锈钢材质，图文部分采用喷绘，白底黑字蓝边，字涂反光漆。

2）条件允许，可采用电视大屏模式，定期播放安全警示教育影像。

（3）图例：事故展板见图5-4-9。

5.5 宣传告知类

5.5.1 工程项目展示、管理、宣传牌

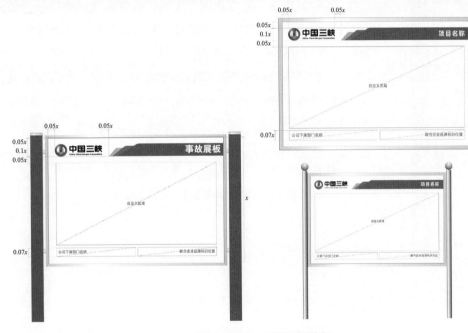

图 5-5-1 工程总标牌板

工程项目展示、管理、宣传牌

（1）用途：设置在施工工地大门外适宜地点。

适用于工程项目介绍牌、工程建设管理责任牌、工程项目建设管理目标牌、施工总平面图、工程项目鸟瞰图、安全文明施工制度牌、消防保卫制度牌、环境保护制度牌、现场施工友情提示牌等。

（2）结构：

1）框架为钢结构，中间内容部分采用厚铝板或不锈钢材质，图文部分采用喷绘，白底黑字蓝边，字涂反光漆。

2）一般也可根据实际情况，尺寸适当减小。

3）按规定色彩体系应用。

（3）图例：工程总标牌见图 5-5-1。

5.5.2 会议室背景墙标识

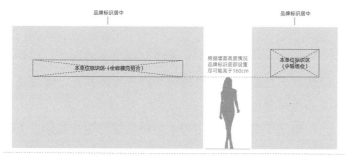

图 5-5-2　会议室背景墙标识

会议室背景墙标识

（1）用途：各级单位的会议室中需要同上级单位链接的主视频会议室（1~2个）的背景墙，应严格按照本规范执行。

（2）结构：

1）背景墙底色为 C59MOYOKO，品牌标识原则上应使用彩色品牌标志和白色字体。

2）部分二、三级单位视情况，安排 1 个以集团公司标识为背景的主视频会议室。

3）视频摄像头原则上应正视会议室背景墙。

4）其他会议室需要设置和品牌标志的，参照前台背景墙标识规范执行。

5）材质：底色涂料，标识亚克力或不锈钢。

6）工艺：烤漆雕刻。

7）规格：视墙面尺寸具体情况而定。

（3）图例：会议室背景墙标识见图 5-5-2。

5.5.3 办公室导样标识

图 5-5-3 办公室导样标识

办 公 室 导 样 标 识

（1）用途：用于指示本楼层部门分布情况，应根据实际情况，按照手册给出的应用样式参照执行，放置在该层入口处显著位置。

集团下属单位可使用本单位品牌标识或集团、上级单位品牌标识。

（2）结构：

1）材质：底框铝板内置龙骨，面板可换铝型材。

2）工艺：折弯焊接、烤漆、标识为立体雕刻或丝印、内容文字丝印。

3）规格：根据具体情况而定。

4）色彩：蓝色块及楼层数字 C100M60 YO KO。

（3）图例：办公室导样标识见图 5-5-3。

5.5.4　办公楼部门门牌标识

图 5-5-4　办公楼部门门牌标识

办公楼部门门牌标识

（1）用途：办公楼部门门牌以展示办公室信息为主，按照手册给出的应用样式参照执行。楼体各门牌应统一位置，放置子大门成门侧增体。

（2）结构：

1）材质：铝合金或不锈钢材质。

2）工艺：图案及文字丝印。

3）规格：根据具体情况而定。

4）色彩：楼层数字 C100M60 YO KO。

5）尺寸见图例。

（3）图例：办公楼部门门牌标识见图 5-5-4。

5.6 施工材料及设备标识类

5.6.1 施工材料标识牌

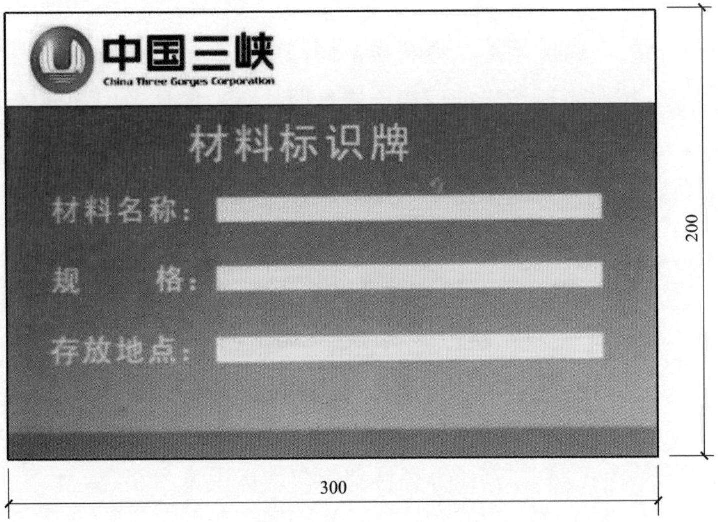

图 5-6-1　材料标识牌

施工材料标识牌

（1）用途：用于标识施工材料信息。建议标注清楚生产厂家、型号、规格、进场日期、检验日期、检验状态等。

（2）结构：

1）成品尺寸：(W)300mm×(H)200mm（可根据实际情况调整尺寸）。

2）材料：铝板反光膜或不锈钢材质。

3）字体：微软雅黑。

（3）图例：材料标识牌见图 5-6-1。

5.6.2　电源箱/配电箱名称牌

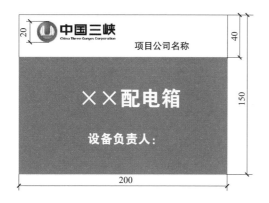

图 5-6-2　电源箱/配电箱名称牌

电源箱/配电箱名称牌

（1）用途：用于施工工作区域的电源箱/配电箱上。

（2）结构：

1）成品尺寸：(W)200mm×(H)150mm。

2）材料：3mm 亚克力背喷 UV。

3）标识尺寸：(H)20mm，在页面左上角。

4）中文字体为方正大黑项目公司名称用黑体。

（3）图例：电源箱/配电箱名称牌见图 5-6-2。

下篇 海上风电工程安全文明施工图册

第六章

陆上集控中心施工

6.1 工地大门/工地迎宾门

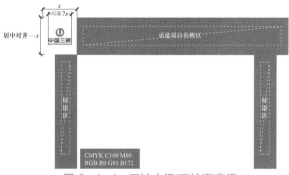

图6-1-1 工地大门/工地迎宾门

工地大门/工地迎宾门以下规范设计制作

1. 工地大门

（1）材质：银色拉丝不锈钢铭牌。

大门主体为干挂（天然纹理）大理石，或根据实际情况采用贴盗砖片工艺。

（2）工艺：铭牌附着烤漆。

（3）规格：参考小图尺寸。

2. 迎宾门

（1）材质：轻型金属结构。

（2）工艺：户外写真喷绘粘裱。

（3）规格：根据实际情况而定。

工地大门/工地迎宾门见图6-1-1。

6.2　集控中心大门

图 6-2-1　集控中心大门示意图

集 控 中 心 大 门

（1）集控中心名称应根据建筑材料特性、大小等实际情况，参照手册给出的参考规范进行涂装。

（2）手册仅对各部分形式进行参照规范，各部分尺寸可建筑形式和现场情况自行设计确定。

注：入口须在醒目位置设置中国三峡品牌标识，其他位置可设置本单位品牌标识

（3）结构：

1）材质：基础、上层结构采用混凝土浇筑，建筑外立面采用波浪形的幕墙反射环境光（建筑绿色元素能电力）。

2）工艺：防反射涂层　规格：根据具体情况而定。

3）色彩：按规定色彩体系应用。

（4）图例：集控中心大门示意图见图 6-2-1。

6.3　七牌一图

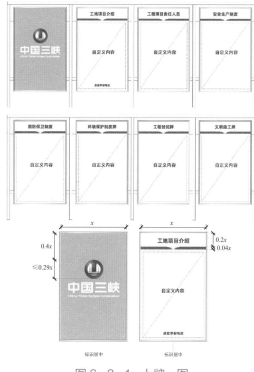

图6-3-1　七牌一图

七牌一图应参照以下规范制作

（1）集团下属单位可使用本单位品牌标识，也可使用集团或上级单位品牌标识。

（2）结构：

1）材质：不锈钢/相纸。

2）工艺：烤漆/喷绘。

3）规格：根据具体情况而定　色彩：按规定色彩体系应用，品牌标识牌底色　C59MOY0 K0。

（3）使用要求：要求标牌规格统一、位置合理、字迹端正、线条清晰、表示明确，并固定在现场内主要进出口处，严禁将"七牌一图"挂在外脚手架上。

（4）图例：七牌一图见图6-3-1。

6.4 标准着装看板

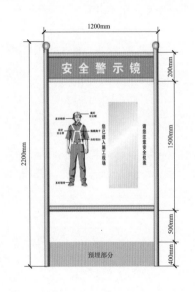

图 6-4-1　标准着装看板示意图

标 准 着 装 看 板

（1）用途：设置在施工工地大门外入口处。

（2）框架为站台配镜子，整体结构稳定，中间图文部分采用喷绘，蓝底白字，字涂反光漆。也可根据实际情况，尺寸适当调整。

（3）图例：标准着装看板示意图见图 6-4-1。

6.5 员工通道、门禁、值班岗亭

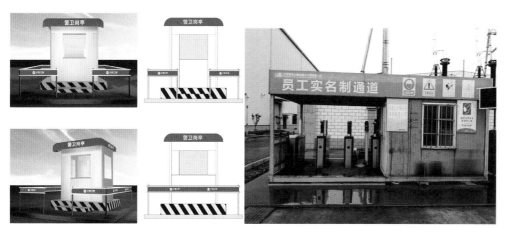

图6-5-1 员工通道、门禁、值班岗亭示意图

员工通道、门禁、值班岗亭

（1）用途：设置在施工工地大门外入口处。

（2）员工通道：使用闸机入口管理。

（3）门禁：施工人员实名制刷卡进入施工工地，防止闲杂人员进入工地。

（4）值班岗亭应参考以下规范设计制作：

1）材质：钢铝合金等轻型材料。

2）工艺：采用固化胶链锁定。

3）规格：根据实际情况而定。

（5）图例：员工通道、门禁、值班岗亭示意图见图6-5-1。

6.6 施工材料堆场

6.6.1 钢材堆场

图 6-6-1 钢材堆场、标识牌示意图

钢 材 堆 场

（1）钢材原材料堆场要求场地硬化或碎石铺设，不同型号的钢材进行分隔，每种型号钢材分别挂醒目标识牌，钢材堆放须保证不受机械损伤、不发生锈蚀及表面损伤。

（2）钢材下部铺设垫木，钢材不得与地面直接接触。

（3）材料标识牌要求：标注清楚生产厂家、型号、规格、进场日期、检验日期、检验状态等。

（4）图例：钢材堆场、标识牌示意图见图 6-6-1。

6.6.2 木材堆场

图 6-6-2　木材堆场示意图

木 材 堆 场

（1）木材堆放场地应选取地势较高、平整、坚实，高度不得超过 1.6m，并且高度不得大于长度。

（2）模板木方应架空堆放，架空高度不得少于100mm；模板垫木沿模板短方向布置，间距不得超过 600mm，模板两端悬空长度不得超过 100mm。

（3）材料标识牌要求：标注清楚生产厂家、型号、规格、进场日期、检验日期、检验状态等。

木材堆场示意图见图 6-6-2。

6.6.3　砂、石、水泥堆场

图6-6-3　砂、石、水泥堆放示意图

砂、石、水泥堆场

（1）砂、石堆场：

1）地面应做好地面硬化，除一面留做进料外，其他三面用砖砌，厚度不少于240mm，高度不低于600mm。

2）砂、石堆场地面确保砂、石堆场隔开。

3）砂石应按品种、规格分别堆放并标识。

（2）水泥堆放：

1）必须设置库房，宜设置在地势较高位置，宜采用防水效果好的活动房。

2）水泥堆放必须支垫。

（3）材料标识牌要求：标注清楚生产厂家、型号、规格、进场日期、检验日期、检验状态等。

（4）图例：砂、石、水泥堆放示意图见图6-6-3。

6.7 施工原材料加工区域

图6-7-1 钢筋制作现场示意图

施工原材料加工区域

（1）原材料加工区域应紧邻原材料储存区域，并进行地面硬化，上部区域布置顶棚，并做好散水。

（2）机械设备间距应满足同时操作的安全距离，设置统一接地网和用电布线。

（3）按照使用功能分为：废料存放区、下料区、加工制作区、成品区。

（4）在机械附近应设置操作规程牌和作业警示牌。

（5）如加工区域为木材，应设置相应数量的灭火器。

（6）钢筋制作现场示意图见图6-7-1。

6.8 生活区域

6.8.1 员工宿舍

图 6-8-1 员工宿舍示意图

员 工 宿 舍

（1）员工宿舍应保证必要的生活空间，室内净高不得小于 2.5m，通道宽度不得小于 0.9m，住宿人员人均面积不得小于 2.5m²。

（2）每间宿舍人员不得超过 6 人，且必须设置可开启式外窗，床铺不应超过 2 层，不得使用通铺。

（3）生活区用房应安全、牢固、美观，满足安全、消防、卫生防疫等要求，不得使用易燃材料搭设。

（4）生活区应设置应急疏散通道、逃生指示标识和应急照明灯。

（5）严禁私拉乱接电线插座及使用电炒锅、电加热器等电器以免引起电线短路失火。严禁使用明火照明。

（6）员工宿舍示意图见图 6-8-1。

6.8.2　冲水式卫生间/淋浴间

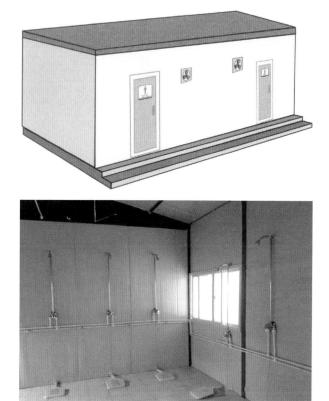

图6-8-2　卫生间/淋浴间示意图

冲水式卫生间/淋浴间

（1）卫生间布置应纳入施工总平面设计，其外形示意图见图6-8-2。

（2）办公区、生活区、施工区应设置冲水式卫生间（西北缺水及东北严寒地区可根据实际情况设置适宜的卫生间）。

（3）卫生间选址原则上能充分进行自然采光和自然通风，位置距离员工最远工作地点不应大于60m，卫生间附近排水系统必须畅通。

（4）淋浴间的淋浴水龙头数量设置应能满足作业人员的需求。

（5）设专人负责保洁。

6.8.3 食堂操作间/员工餐厅

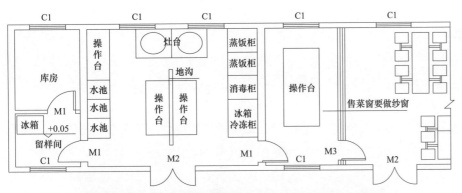

图6-8-3 食堂操作间/员工餐厅示意图

食堂操作间/员工餐厅

（1）食堂操作间必须宽敞、明亮，必须配有冷藏、冷冻和储藏设备。

（2）操作间用具应摆放合理得当、整齐。

（3）生、熟食品必须分开，不得使用变质食品。

（4）食堂操作间/员工餐厅示意图见图6-8-3。

6.9　司旗样式及规范

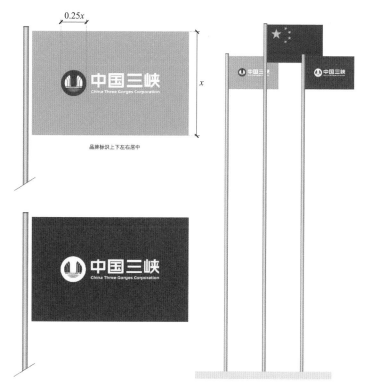

图6-9-1　旗台/彩旗

司 旗 样 式 及 规 范

（1）项目部现场办公旗台制作采用不锈钢钢柱，水泥座基，见图6-9-1旗台/彩旗。

（2）司旗规定为两种色彩样式，应分别置于国旗两侧并略低于国旗高度，尺寸等于或略小于国旗。

（3）集团下属单位悬挂司旗时应保证有一面为浅蓝色集团司旗，另一面可使用本单位品牌标识或上级单位品牌标识旗帜。

（4）当使用一面司旗时，应优先使用浅蓝色底色样式。

（5）材质：尼龙绸/其他材质。

（6）工艺：数码印刷。

（7）规格：视具体情况而定。

（8）色彩：浅蓝底色 C59M0Y0 K0。

6.10 环保

6.10.1 废料收集箱

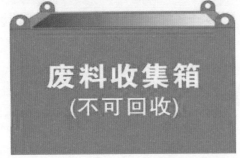

图 6-10-1 废料收集箱

废 料 收 集 箱

（1）施工现场适当位置设置施工废料收集箱。施工现场废料应分类管理，根据废料性质，废料收集箱应标明"可回收""不可回收"或"危险固体废料"等字样。

（2）危险废料应按国家有关规定要求进行处理。

（3）废料收集箱外观统一使用中国三峡标准蓝，并统一编号便于管理。

（4）废料收集箱由分包施工单位根据现场实际情况设置和制作，但要满足现场废料的临时存放要求。

（5）图例：废料收集箱见图 6-10-1。

6.10.2　垃圾箱

图 6-10-2　垃圾箱

垃　圾　箱

（1）垃圾应分类管理，根据垃圾性质，垃圾箱应标明"可回收""不可回收"或"危险垃圾"等字样。

（2）危险垃圾应按国家有关规定要求进行处理。

（3）垃圾箱可购买成品放置在现场适当位置。

（4）图例：垃圾箱见图 6-10-2。

6.10.3 废水处理

图6-10-3 海上施工废水处理收集船示意图

废 水 处 理

（1）废水分人员的生活污水和施工机械的油类污水。

（2）海上风电施工的污水须通过维护船舶收集起来，规定每6个月一次送到海岸处理，并结合陆地污水处理系统进行处理。

（3）施工机械等产生的废油储存时，要使用特定的存储容器，由有资质的特定部门进行处理，以避免工程地区生态环境受到污染。

（4）图例：海上施工废水处理收集船示意图见图6-10-3。

6.11　危险品存放

图 6-11-1　危险品存放处示意图

危 险 品 存 放

（1）危险品存放应符合国家法规要求，满足防火、防爆、防雷、防晒、防雨、防风、防静电等安全要求。

（2）危险品存放处门外应设置危险品存放信息牌，悬挂应急疏散图、应急联络电话等标牌，配备应急消防器材、现场急救用品、冲洗或清洗设备等；有毒危险物品仓库应在门口放置防毒面具。

（3）危险品不得与其他物资共同储存，应根据其特性分类存放，危险品应标识清楚。

（4）氧气、乙炔等气瓶应分开存放，设置安全标志牌。

（5）图例：危险品存放处示意图见图 6-11-1。

6.12 施工道路

图 6-11-2　现场道路示意图

施 工 道 路

（1）施工道路应畅通，路面平整、坚实、清洁，排水设施齐全，并设专人清扫维护。

（2）必要时，施工道路应安装路灯、设置交通标志牌、限速标志牌、道路铭牌、分道标志线、车辆减速带，隧洞设置限高标志牌。有行车盲区的转弯处应设广角镜。

（3）施工危险地区应设"危险""禁止通行"等安全标志，夜间应设红灯示警。

（4）基坑四周、材料加工场等应修筑人行便道，宽度不得小于 1m。其他区域可采用泥结石硬化路面，铺设沙石，路面保持平整。

（5）图例：现场道路示意图见图 6-11-2。

海上风电施工通用要求

7.1　海上专业人员

图 7-1-1　海船船员培训合格证书

海 上 专 业 人 员

（1）具备基本的身体条件及心理素质。

（2）经过专门的培训，考核合格，并取得相应的资格证书。

（3）熟练掌握海上求生、海上救援、船舶救生、海上消防、海上急救、救生艇筏操纵、触电现场急救及直升机救援方法等方面的相关技能。

（4）必须了解海上施工作业场所和工作岗位存在的危险有害因素及相应的防范措施和事故应急措施。

（5）熟悉了解海事及海洋部门的相关规定。

（6）出海前 4h 及在船期间不得饮酒；不得在无监护的情况下单独作业，不得在出海期间下海游泳、捞物。

（7）海上作业期间，应正确佩戴个人防护用品和使用劳动防护用品、用具。在船施工人员非作业时间，不得进入危险区域。

（8）图例：海船船员培训合格证书见图 7-1-1。

7.2 施工临时设施

图 7-2-1 临时码头、海上作业平台示意图

施 工 临 时 设 施

（1）陆上转运基地宜靠近风电场场址，其场地应满足防洪、防潮、防台风等要求。

（2）临时码头宜选择在水域开阔、岸坡稳定、波浪和流速较小、水深适宜、地质条件较好、陆路交通便利的岸段，并设置安全警示标志。

（3）大型施工船舶的施工作业区应划分安全通道，不得在安全通道上设置任何障碍物。

（4）海上作业平台的施工场地应充分考虑施工人员的作业安全，并应设置安全警示标志、防护设施和救生器材。

（5）临时助航标志应按设计要求设置，在永久航标建成，并经验收合格后方可拆除。

（6）海上临时人行跳板的宽度不宜小于 0.6m，强度和刚度应满足使用要求。跳板应设置安全护栏或张挂安全网，跳板端部应固定或系挂，板面应设置防滑设施。

（7）施工现场危险区域和部位应采取防护措施并设置明显的安全警示标志。

（8）图例：临时码头、海上作业平台示意图见图 7-2-1。

7.3 通信联络

图 7-3-1　通信联络、卫星电话天线示例

通 信 联 络

（1）按照 NB/T 10393—2020《海上风电场工程施工安全技术规范》要求：施工船舶、海上作业平台及陆上基地应配备无线电或卫星电话等通信设备，设备配备应满足无线电通信设备标准和《国际海上人命安全公约》的要求。

（2）建立项目管理信息系统，设专人负责系统维护，以实现工程的动态管理。

（3）各作业面应配备足够数量的对讲机、移动通信设备等。

（4）海上施工时，为保证通信正常、防止失联，施工现场应悬挂"请随身携带通信工具"标识牌，见 5.4.7 要求。

（5）图例：通信联络、卫星电话天线示例见图 7-3-1。

7.4 施工用电

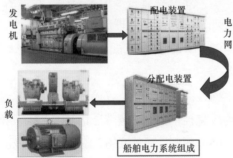

图 7-4-1 船舶电缆、供电系统示意图

海 上 施 工 用 电

（1）施工用电应按工程规模、场地特点、负荷性质、用电容量、地区供用电条件合理设置。

（2）水上和潮湿地带的电缆线应绝缘良好并具有防水功能。电缆线的接头应进行防水处理。

（3）用于潮湿或腐蚀介质场所的漏电保护器应采用防溅型产品。

（4）船舶进出的航行通道、抛锚区和锚缆摆区不得架设或布设临时电缆线。

（5）临时安放在施工船舶、海上作业平台上的发电机组应单独设置供电系统，不得随意与施工船舶的供电系统并网连接。

（6）图例：船舶电缆、供电系统示意图见图 7-4-1。

7.5　船电作业

图 7-5-1　船电作业、蓄电池室防爆灯、船舶开关柜等示意图

船　电　作　业

（1）船舶电气检修应切断电源，并在启动箱或配电板处悬挂"禁止合闸"警示牌。

（2）配电板或电闸箱附近应配备扑救电气火灾的灭火器材。

（3）带电作业应有专人监护，并采取可靠的防护、应急措施。

（4）船上人员不得随意改动线路或增设电器，不得使用超过设计容量的电器。

（5）船舶上使用的移动灯具的电压不得大于 36V，电路应设过载和短路保护。

（6）蓄电池工作间应通风良好，不得存放杂物，并应设置安全警示标志。

（7）图例：船电作业、蓄电池室防爆灯、船舶开关柜等示意图见图 7-5-1。

7.6 防火防爆

图 7-6-1 海上施工、消防检查示意图

防 火 防 爆

（1）施工船舶和海上作业平台应设置消防、防雷措施，配备足够的灭火器材，在禁烟场所设立明显的禁烟标志。施工现场的疏散通道、安全出口、消防通道应保持畅通。

（2）消防水带、灭火器、沙袋等消防器材应放置在明显、易取处，不得任意移动或遮盖，不得挪作他用。

（3）氧气、乙炔、汽油、防腐涂料等危险品应存放在阴凉、干燥、通风良好的仓库内，并应远离火种、热源。防腐涂料容器应密封，并与氧化剂、碱类化学品分开存放。

（4）施工船舶蓄电池室内严禁烟火，通风应良好。

（5）动火作业前，应履行审批手续，清除动火现场、周围及上下方易燃易爆物品。高处动火作业应采取防止火花溅落措施。

（6）图例：海上施工消防器材、消防检查示意图见图 7-6-1。

7.7　船舶作业照明

图 7-7-1　海上施工照明示意图

船 舶 作 业 照 明

（1）船舶作业性能应满足所在海域的工况条件。

（2）遇大风、大雾、雷雨、风暴等恶劣天气时，施工船舶应停止作业，并将人员撤离到安全区域。

（3）施工船舶夜间作业时，应配备足够的照明设施，保证夜间施工的可见度，设置警示灯光或信号标志。

（4）照明设施应绝缘良好，一般采用防雨式镝灯，严禁使用碘钨灯。

（5）图例：海上施工照明示意图见图 7-7-1。

7.8 船机设备

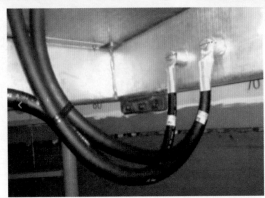

图 7-8-1 船舶救生圈、梯口安全标志、设备接地示意图

船 机 设 备

（1）船舶应具有相应的有效证书，应按规定配备船员。

（2）船舶应配备必要的通风器材、防毒面具、急救医疗器材、氧气呼吸装置等应急防护设备设施，并应配置救生衣、救生筏、救生圈等安全用具。

（3）船舶的梯口、应急场所等应设明显的安全警示标志，楼梯、走廊、通道应保持畅通，并根据需要设防滑装置。

（4）施工船舶不得从事与规定工作无关的作业，不得超载或超负荷施工。

（5）运输船舶应在船舶露天甲板上安装护栏。

（6）施工设备、机具传动与转动的露出部分应装设安全防护装置。

（7）施工用电气设备应可靠接地，接地电阻不应大于4Ω。露天使用的电气设备应选用防水型或采取防水措施。在易燃易爆气体的场所，电气设备与线路应满足防爆要求。

（8）图例：船舶救生圈、梯口安全标志、设备接地示意图见图 7-8-1。

第八章

海 上 风 电 施 工

8.1 桩基施工

图 8-1-1 桩基施工示意图

桩 基 施 工

（1）打桩船和运桩船驻位应按船舶驻位图抛设锚缆，设抛锚标志，应防止锚缆相互绞缠。打桩船进退作业时，应注意锚缆位置，避免缆绳绊桩。

（2）沉桩完成后，应及时在桩顶设置高出水面的安全警示标志。

（3）开口基础管桩上方的工作面上直径或边长大于0.15m的孔洞周边，应设置临时防护设施。

（4）在高桩承台基础割桩作业时，应设置可靠作业平台，作业完成后立即拆除。

（5）嵌岩桩施工时，泥浆池的泥浆不得外泄，周围应设置安全护栏和安全警示标志；清孔排渣时应保持孔内水头，防止坍塌；人员进入孔内时应采取防毒、防溺、防坍塌等安全措施。

（6）桩起吊、立桩、沉桩施工、嵌岩桩施工等作业参照NB/T 10393—2020《海上风电场工程施工安全技术规范》等执行。

（7）图例：桩基施工示意图见图 8-1-1。

8.2 钢构件施工

图 8-2-1　导管架吊装示意图

钢 构 件 施 工

（1）钢构件吊装，应选配适宜的起重船机设备、绳扣及吊装索具，钢构件上的杂物应清理干净。

（2）选配适宜的起重船机设备、绳扣及吊装索具，钢构件上的杂物应清理干净。

（3）导管架安装，钢管桩与钢套管的焊接，应在钢管桩与钢套管的灌浆强度满足设计要求后进行。

（4）钢结构防腐施工安全应符合现行行业标准 NB/T 31006《海上风电场钢结构防腐蚀技术标准》的有关规定。

（5）图例：导管架吊装示意图见图 8-2-1。

8.3　混凝土施工

图 8-3-1　混凝土浇筑、混凝土试块留置示意图

混　凝　土　施　工

（1）钢筋笼搬运堆放时，应与船机设备保持安全距离，可靠放置。

（2）混凝土浇筑平台脚手板应铺满、平整，临空边缘应设防护栏杆和挡脚板，下料口在停用时应加盖封闭。

（3）混凝土振捣作业时，作业人员应穿好绝缘鞋、戴好绝缘手套。

（4）混凝土振捣器的配电箱应安装漏电保护装置，接零保护应安全可靠。

（5）振捣器不得与高桩承台基础的基础环直接接触，施工人员不得站在基础环上。

（6）单桩连接段、导管架等部位灌浆作业，高压调节阀应设置防护设施，连接段四周应预先设置靠船设施、钢爬梯及平台等。

（7）钢筋笼的安装、高桩承台基础钢套箱的安装、拆除、泵送混凝土作业、混凝土振捣作业等其他要求，可参照 NB/T 10393—2020《海上风电场工程施工安全技术规范》等执行。

（8）图例：混凝土浇筑、混凝土试块留置示意图见图 8-3-1。

8.4　海底电缆施工

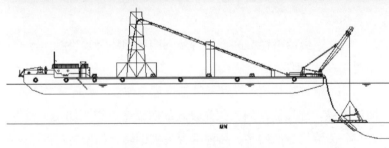

图 8-4-1　海缆施工示意图

海 底 电 缆 施 工

（1）海底电缆敷设作业宜在风力 5 级、波浪高度 1.5m、流速 1m/s 及以下的海洋环境下进行。敷缆设备投放与回收作业宜在平流期间进行。

（2）敷缆船舶上的构件材料应采取加固措施，电缆盘周围不得堆放易燃易爆物品，不得进行电焊、气割作业。

（3）用机械牵引电缆穿堤时，施工人员不得站在牵引钢丝绳内角处。

（4）电缆穿越已有的通信光缆、石油管道等海底设施，应与有关各方协调，采取可靠措施，保障原有设施的正常运行。

（5）作业区域应悬挂防止打滑、当心落水标志。

（6）起重机械应标明最大起重量，悬挂安全操作规程、安全准用证。机械臂下严禁站人、行走，悬挂警示标志。

（7）海底电缆敷设完成后，应按规定及时设置警示标志。

（8）其他要求参照 GB 50168—2018《电气装置安装工程　电缆线路施工及验收标准》、NB/T 10393—2020《海上风电场工程施工安全技术规范》等执行。

（9）图例：海缆施工示意图见图 8-4-1。

8.5 设备安装

图 8-5-1 封闭式组合电气安装示意图

设 备 安 装

（1）海上测风塔、海上升压站及风力发电机组塔架安装过程中应设置防坠装置。

（2）设备安装现场的临边、孔洞应采取防坠落措施，并设置警示标志。

（3）设备安装使用液压工具或扳手时，作业人员应戴护目镜、手套和安全帽，穿安全鞋。

（4）在设备安装期间，应设置警戒船提示经过施工水域的其他船舶减速慢行。

（5）海上测风塔及风力发电机组底部塔架安装完成后应立即接地，海上风力发电机组及其塔架安装就位后应立即连接引雷导线。

（6）其他要求应符合 NB/T 10208《陆上风电场工程施工安全技术规范》有关规定。

（7）图例：封闭式组合电气安装示意图见图 8-5-1。

8.6 设备调试

图 8-6-1 中控室、调试指挥示意图

设 备 调 试

（1）海上风电场工程设备调试安全应符合 NB/T 10208《陆上风电场工程施工安全技术规范》规定。

（2）海上风电场工程调试与试运行前，应根据风电场海域的海洋水文气象等情况确定调试与试运行方案，制定海上船损、火灾、爆炸、污染等各类突发事件及台风、风暴潮、寒流、团雾、冰冻等恶劣天气下的应急预案，并配备海上逃生救生安全器具。

（3）海上风电场工程试运行前应保证风力发电机组安全监测系统、海缆监控系统、助航标志、靠泊系统及通信设施等可靠运行。

（4）其他要求应符合 NB/T 10208《陆上风电场工程施工安全技术规范》有关规定。

（5）图例：中控室、调试指挥示意图见图 8-6-1。

第九章

海上交通运输与应急逃生

9.1 船舶航行安全

9.1.1 禁航警示标志设施

图 9-1-1 禁航警示标志示意图

禁 航 警 示 标 志 设 施

（1）用途：禁航警示标志是帮助引导船舶航行、定位和标示碍航物与表示警告的人工标志，为各种水上活动提供信息的设施或系统。

（2）使用要求：

1）设于通航水域或其近处，以标示航道、锚地、滩险及其他碍航物的位置，表示水深、风情，指挥狭窄水道的交通。

2）应符合国家有关规定要求。

（3）图例：禁航警示标志示意图见图 9-1-1。

9.1.2 助航警示标志设施

图9-1-2 助航警示图标、助航警示标志示意图

助航警示标志设施

（1）用途：助航警示标志是用以提供舰船定位，引导舰船航行，表示警告和碍航物的人工标志。简称航标。海区助航标志分为目视航标、音响航标和无线电航标。

（2）使用要求：

1）设置在通航水域及其附近，用以表示航道、锚地、碍航物、浅滩等，也可用以传送信息，如表示水深、预告风情、指示狭窄水道交通等。

2）临时助航标志应按设计要求设置，在永久航标建成，并验收合格后可拆除。

3）按照GB 16161—1996《中国海区水上助航标志形状显示规定》规定执行。

（3）图例：助航警示图标、助航警示标志示意图见图9-1-2。

9.2　船舶安全标志

9.2.1　船舶安全指令标志

启动艇发动机

内河船舶救生设备标志常用最小公称尺寸　　　　　单位：mm

序号	观察距离	圆形标志直径	正方形标志边长	长方形标志（1:1.6）	
				短边	长边
1	4000	112	100	100	160
2	6000	168	150	150	240
3	8000	224	200	200	320
4	12 000	336	300	300	480
5	16 000	448	400	400	640

长方形标志一般由正方形与指示方向的箭头、指示位置编号的数字或字母的小长方形组合而成。正方形边长与小长方形短边长之比约为1:0.6。

图9-2-1　安全指令标志、尺寸示意图

船 舶 安 全 指 令 标 志

（1）用途：提醒人们按照规定的要求去执行操作内容的标志。共有 10 个。

（2）结构：

1）应采用坚固耐用和无毒、无害、无放射性的材料。有触电危险的作业场所应使用绝缘材料。

2）图形应清楚，表面应光滑、平整、无气泡、无毛刺、无孔洞和无任何影响使用的缺陷。

3）指令标志形状应为圆形，底色为蓝色，图形和字符应为白色。

4）指令标志的色度范围、材料、反射系数等应满足 GB 2893—2008《安全色》和 GB 2894—2008《安全标志及其使用导则》的相关规定。蓝色应采用 GB/T 3181—2008《漆膜颜色标准》中的 PB05 海蓝色。

5）标志尺寸应符合 GB/T 16903—2021《标志用图形符号表示规则　公共信息图形符号的设计原则与要求》的有关规定。

（3）使用要求：应符合 GB 16557—2010《海船救生安全标志》的要求。

（4）图例：安全指令标志、尺寸示意图见图9-2-1。

9.2.2　船舶安全指令标志示例

扣紧座位安全带		艇降至水面后打开脱钩装置	
关闭舱门		开始对救生艇喷水	
将救生艇降至水面		开始供气	
将救生筏降至水面		释放艇稳索	
将救助艇降至水面		启动艇发动机	

9.2.3　船舶安全提示标志

登乘梯

内河船舶救生设备标志常用最小公称尺寸　　　　　　单位：mm

序号	观察距离	圆形标志直径	正方形标志边长	长方形标志（1:1.6）	
				短边	长边
1	4000	112	100	100	160
2	6000	168	150	150	240
3	8000	224	200	200	320
4	12 000	336	300	300	480
5	16 000	448	400	400	640
长方形标志一般由正方形与指示方向的箭头、指示位置编号的数字或字母的小长方形组合而成。正方形边长与小长方形短边长之比约为1:0.6。					

图9-2-2　安全提示标志、尺寸示意图

船 舶 安 全 提 示 标 志

（1）用途：给人们提供目标所在位置与方向性的信息标志。

（2）结构：

1）应采用坚固耐用和无毒、无害、无放射性的材料。有触电危险的作业场所应使用绝缘材料。

2）图形应清楚，表面应光滑、平整、无气泡、无毛刺、无孔洞和无任何影响使用的缺陷。

3）提示标志形状应为正方形或矩形，底色为绿色，图形和字符应为白色。

4）提示标志的色度范围、材料、反射系数等应满足 GB 2893—2008《安全色》和 GB 2894—2008《安全标志及其使用导则》的相关规定。绿色应采用 GB/T 3181—2008《漆膜颜色标准》中的 G02 淡绿色。

5）标志尺寸应符合 GB/T 16903—2021《标志用图形符号表示规则　公共信息图形符号的设计原则与要求》的有关规定。

（3）使用要求：符合 GB 16557—2010《海船救生安全标志》的要求。

（4）图例：安全提示标志、尺寸示意图见图9-2-2。

9.2.4　船舶安全提示标志示例

救生艇		应急无线电示位标	
救助艇		登乘梯	
救生筏		海上撤离滑梯	
吊架降落式救生筏		海上撤离滑道	
救生圈		救生服	

带绳救生圈		急救	
带灯救生圈		应急电话	
带灯和烟雾信号救生圈		担架	
救生艇筏遇险信号		紧急逃生呼吸装置	
火箭降落伞火焰信号		登乘站 （组合图标， 2 代表登乘站编号）	
抛绳设备		集合站 （组合图标， E 代表集合站编号）	

9.2.5 船舶安全通道标志

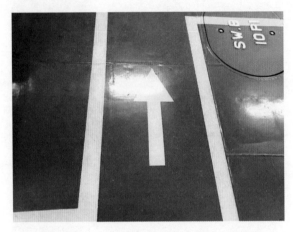

图9-2-3 船舶上安全通道和逃生路线色标

船 舶 安 全 通 道 标 志

（1）用途：用于船舶上安全通道色标、禁止操作色标、警报、应急集合点等安全标志，应符合 GB/T 37820.3—2019《船舶与海上技术　船舶安全标志、安全相关标志、安全提示和安全标记的设计、位置和使用　第3部分：使用原则》。

（2）应按照 NB/T 10393—2020《海上风电场工程施工安全技术规范》执行。

（3）船舶上安全通道和逃生路线色标见图9-2-3。

9.2.6　船舶限制或禁止操作区域色标

图 9-2-4　船舶上限制或禁止操作区域色标

船舶上限制或禁止操作区域色标

（1）应符合 GB/T 37820.3—2019《船舶与海上技术　船舶安全标志、安全相关标志、安全提示和安全标记的设计、位置和使用　第 3 部分：使用原则》。

（2）应按照 NB/T10393—2020《海上风电场工程施工安全技术规范》执行。

（3）图例：船舶上限制或禁止操作区域色标见图 9-2-4。

9.2.7　船舶应急逃生标志示例

符号含义	到出口的逃生路线标志	到集合站的逃生路线标志	到登乘站的逃生路线标志
向右下方移动（指示层级的变化）			
1. 向右上方移动（指示层级的变化） 2. 在开放区域内向前，从所在位置向右行			
向左下方移动（指示层级的变化）			
1. 向左上方移动（指示层级的变化） 2. 在开放区域内向前，从所在位置向左行			

符号含义	到出口的逃生路线标志	到集合站的逃生路线标志	到登乘站的逃生路线标志
1. 从这里向前移动（指示行进方向的变化） 2. 当标志在门上方时向前移动并穿过此处（指示行进方向的变化） 3. 从此处向前上方移动（指示层级的变化）			
从此处向右移动（指示行进方向）			
从此处向左移动（指示行进方向）			
从此处向下移动（指示行进方向）			

9.2.8 船舶应急逃生标志实景示例

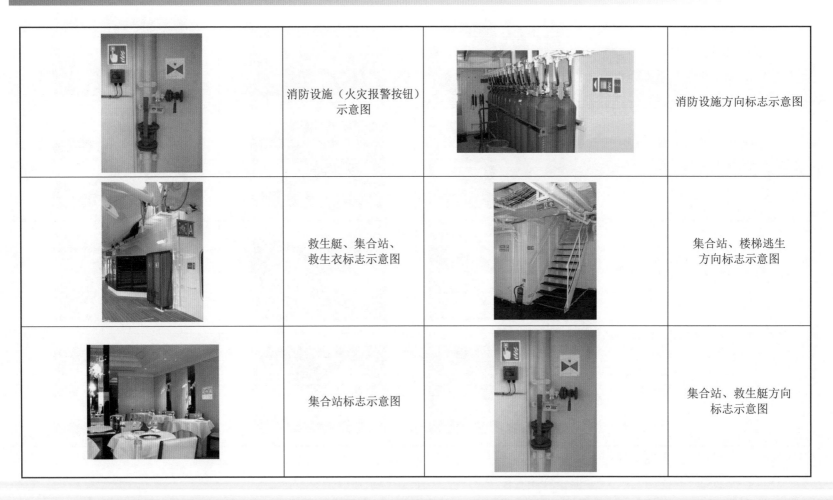

	消防设施（火灾报警按钮）示意图		消防设施方向标志示意图
	救生艇、集合站、救生衣标志示意图		集合站、楼梯逃生方向标志示意图
	集合站标志示意图		集合站、救生艇方向标志示意图

	救生艇方向标志示意图		救生筏位置标志示意图
	救生圈位置标志示意图		登乘梯位置标志示意图
	救生艇位置标志示意图		急救电话位置标志示意图

9.3 海上直升机救援

图 9-3-1　海上直升机救援示意图

海上直升机救援

（1）待救人员必须携带无线电对讲机，保持通信联系。

（2）在着落区附近准备好消防设备。

（3）备好救生艇，并使其处于随时可用状态。万一由于某种原因不能在准备好的吊运区作业时，可放下救生艇进行间接作业。

（4）作业现场要准备好太平斧、撬棍、钢丝剪、红色应急信号和医疗急救物品等。

（5）所有人员都应穿着救生衣，戴好安全帽，控制吊钩的人员穿戴好电工用的绝缘手套和鞋子，以防静电电击。

（6）指挥人员可用下列视觉信号与直升机驾驶员保持联系：

1）手臂反复向上、向后摆动，表明船舶准备就绪，直升机可以靠近；

2）手臂在头上不断地交叉，表示吊升作业结束。

（7）救助时应统一指挥，保持良好的纪律和秩序，便于救援工作安全迅速进行。

（8）图例：海上直升机救援示意图见图 9-3-1。施工现场安全防护设施应验收合格后方可使用。

9.4　安全防护设施和个体防护装备

图 9-4-1　救生圈、救生筏、救生艇等示意图

安全防护设施和个体防护装备

（1）施工现场安全防护设施应验收合格后方可使用。

（2）施工现场安全防护设施的设置、使用应符合施工现场安全防护要求。

（3）在有坠落风险的临边、孔、洞处，应设置有效防护设施。

（4）风力发电机组作业人员应按 GB/T 35204《风力发电机组　安全手册》的有关规定配置个体防护装备。个体防护装备应符合 GB 39800.1—2020《个体防护装备配备规范　第 1 部分：总则》有关规定。

（5）个体防护装备应正确使用，并经常检查和定期试验，其检查试验的要求和周期应符合有关规定。

（6）施工现场应配置安全网、救生衣、救生筏、救生圈等安全用具，配置的安全用具应符合国家规定的有关质量标准和 GB 16557—2010《海船救生安全标志》。

（7）图例：救生圈、救生筏、救生艇等示意图见图 9-4-1。

9.5 交通船舶上下船

图 9-5-1　施工人员上船示意图

交通船舶安全要求：

应按照 NB/T 10393—2020《海上风电场工程施工安全技术规范》执行。

（1）施工单位应详细记录登船出海人员姓名、年龄、所属单位、登离船舶及离岸到岸时间、联系电话等信息。

（2）船舶航行中，乘船人员不得靠近无安全护栏的舷边。

（3）不得装运和携带易燃易爆、有毒有害等危险物品，不得人货混装。

（4）上下船舶应安设跳板。使用软梯上下船舶应设专人监护，并配备带安全绳的救生圈。

（5）接放缆绳的船员应穿好救生衣，站在适当的位置，待船到位靠稳后系牢缆绳，做好人员上下船保护。

（6）舷梯、桥梯的踏步应设置防滑装置。舷梯、桥梯下宜张挂安全网。

（7）大风浪中航行时，应做好船舶上物品和设备设施加固，应在甲板设专人监护，船舶甲板、通道和作业场所宜增设临时安全护绳。

（8）图例：施工人员上船示意图见图 9-5-1。

9.6　大型设备设施运输

图9-6-1　风机、升压站运输示意图

大型设备设施运输应符合下列要求：

（1）大型设备设施的放置位置应满足船舶甲板的结构强度要求。

（2）大型设备设施应与船舶可靠固定，并采取防倾倒措施；叶片、轮毂或其组合体运输时，应用支架支撑和固定；设备之间应采取加固措施，以免相互碰撞。

（3）海上升压站、风力发电机组中的设备设施应固定牢靠，防止坠物。

（4）船舶应缓速慢行，避免运输过程中的大幅晃动。

（5）风力发电机组整体运输时，叶片应调整至顺桨位置。

（6）图例：风机、升压站运输示意图见图9-6-1。

第十章

海上施工高风险作业

10.1 吊装作业

图 10-1-1　叶片、升压站吊装示意图

吊 装 作 业

（1）海上测风塔、海上升压站及风力发电机组等部件吊装时，风速不应高于相关规定。

（2）吊装前，应检查吊钩升降、吊臂仰俯及制动性能，安全装置应正常有效。

（3）应根据船舶位置和吊装要求，确定驳船锚位和系缆位置。

（4）应根据船舶甲板尺寸和形状及物件结构，将物件放置、固定在船舶甲板上。

（5）吊装结束后，船舶应退离安装位置，并对起重吊钩进行封钩。

（6）物件卸下后，应用栏杆等设施对物件进行隔离。

（7）海上测风塔、海上升压站及风力发电机组等设备的整体吊装、海上风力发电机组的分体吊装等，参照 NB/T 10393—2020《海上风电场工程施工安全技术规范》等执行。

（8）图例：叶片、升压站吊装示意图见图 10-1-1。

10.2 舷外作业

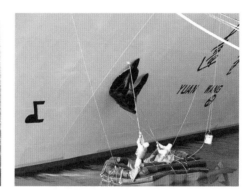

图 10-2-1 船舷外油漆、吊篮示意图

舷外作业应符合下列要求:

(1) 船上应悬挂慢车信号,作业现场应设置安全警示标志。

(2) 作业人员应穿救生衣。

(3) 作业现场应有监护人员,并配备救生设备。

(4) 船舶在航行中或摇摆较大时,不得进行舷外作业。

(5) 舷外应设置安全可靠的工作脚手架或吊篮。

(6) 图例:船舷外油漆、吊篮示意图见图 10-2-1。

10.3 高处作业

图 10-3-1 高处作业示意图

高处作业要求：

（1）作业人员应接受培训，患有禁忌高处作业疾病的人员不得从事高处作业。

（2）作业前，应正确安装使用防坠落保护设备，气候不良时不宜进行高处作业，船舶在航行中不得进行高处作业。

（3）作业人员应系好安全带，戴好安全帽，衣着灵便。

（4）作业时应使用符合标准的吊架、梯子、脚手板、防护围栏和挡脚板等。

（5）作业时不得投掷工具、材料和杂物等，工具应有防掉绳，并放入工具袋。所用材料应堆放平稳，作业点下方应划定安全警戒区，设置明显的警戒标志，并设专人监护。

（6）不得上下垂直进行高处作业，如需分层进行作业，中间应有隔离措施。30m 以上的高处作业人员应有能与地面联系的通信装置。

（7）登梯作业时应设监护，同一架梯子只允许 1 人在上面工作，不准带人移动梯子。电梯、吊笼应有可靠的安全装置。

（8）作业场所的临边应设置安全防护围栏和昼夜显示的警示标志。

（9）遇有 6 级及以上风或暴雨、雷电、冰雹、大雪、大雾等恶劣气候时，应停止露天高处作业。雨雪天气应采取防滑措施，夜间或光线不足的地方应设足够照明。

（10）图例：高处作业示意图见图 10-3-1。

10.4　临边作业

图10-4-1　临边作业、临边安全标志示意图

临　边　作　业

（1）临边作业是属于高处作业的一种。当高处作业中工作面的边沿没有围护设施或虽有围护设施但高度低于800mm时，这一类作业称为临边作业。

（2）在进行临边作业时，必须设置牢固的、可行的安全防护设施，主要是防护栏杆和安全网。

（3）船舶临边作业人员应穿救生衣，作业现场应有监护人员，并配备救生设备。

（4）图例：临边作业、临边安全标志示意图见图10-4-1。

10.5 焊接作业

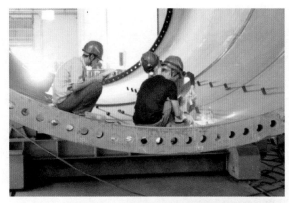

图 10-5-1　焊接现场示意图

焊接作业要求：

（1）在施工船舶、海上作业平台上进行焊接作业，应根据不同作业环境采取防止触电、高处坠落、一氧化碳中毒和火灾的安全措施。

（2）在规定的禁火区内或在已贮油的油区内进行焊接与切割作业时，应遵守该区域有关安全管理规定。

（3）作业区域应保持干燥，雨天应停止露天电焊作业。

（4）氧气瓶与乙炔瓶应分开存放，两者间距不应小于 5m；运输和作业过程中，氧气瓶、乙炔瓶应固定牢靠；存放、运输和作业过程中应采取防晒措施；作业时，使用的氧气瓶、乙炔瓶与动火点距离不应小于 10m。

（5）焊接作业应符合下列规定：

1）水上焊接时，必须系安全带，穿救生衣，必要时在下面铺设安全网；作业点上方，不得同时进行其他作业。

2）水下焊接时，应整理好供气管、电缆和信号绳等，并将供气泵置于上风处。供气管与电缆应捆扎牢固，避免相互绞缠。供气管应用 1.5 倍工作压力的蒸汽或热水清洗，胶管内外不得粘附油脂。

（6）图例：焊接现场示意图见图 10-5-1。

10.6　潜水作业

图 10-6-1　潜水作业示意图

潜　水　作　业

（1）潜水人员的从业资格应符合 JT/T 955《潜水人员从业资格条件》的有关规定。

（2）潜水作业现场应配备急救箱及相应的急救器具，作业水深超过 30m 的应配置减压舱等设备。

（3）在下列施工水域进行潜水作业时，应采取相应的安全防护措施：① 水温低于 5℃。② 流速大于 1m/s。③ 存在噬人海生物、障碍物或污染物。

（4）潜水作业应设专人控制信号绳、潜水电话和供气管线。潜水员下水应使用专用潜水爬梯，爬梯应与潜水船连接牢固。

（5）为潜水员递送工具、材料和物品应使用绳索，不得直接向水下抛掷。

（6）潜水员在大直径护筒内作业前，应清除护筒内障碍物和内壁外露的尖锐物，筒内侧水位应高于外侧水位。

（7）图例：潜水作业示意图见图 10-6-1。

10.7 有限空间作业

图 10-7-1 有限空间作业安全告知牌示意图

有 限 空 间 作 业

（1）在有限空间进入点附近设置醒目的警示标志标识，告知作业者存在的危险有害因素和防控措施，防止未经许可人员进入作业现场。

（2）提供符合要求的通风、检测、防护、照明等安全防护设施和配备个人防中毒、窒息等防护装备，设置安全警示标识，严禁无防护监护措施作业。

（3）密闭空间、狭小空间、管道等特殊部位施工必须严格实行作业审批制度，同时实施安全旁站；严禁擅自进入有限空间作业。

（4）图例：有限空间作业安全告知牌示意图见图 10-7-1。

第十一章

应用效果图例

11.1 三峡能源大丰二期海上风电项目

11.1.1 三峡能源大丰二期海上风电项目集控中心效果图

11.1.2　三峡能源大丰二期海上风电项目升压站及风场效果图

11.2　三峡能源如东海上风电柔直项目陆上换流站效果图

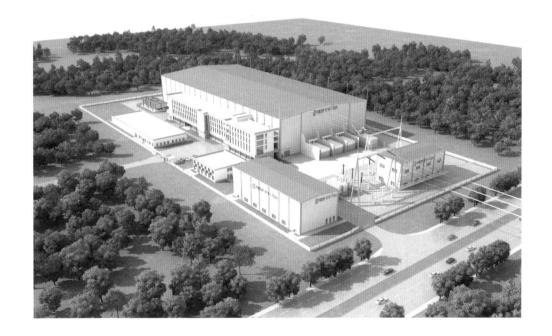

11.3 三峡能源阳江海上风电效果图